"十一五"国家重点图书出版规划项目

数学文化小丛书

李大潜　主编

遥望星空（二）
——牛顿·微积分·万有引力定律的发现

齐民友

U0183105

高等教育出版社·北京

图书在版编目（CIP）数据

遥望星空.2.牛顿·微积分·万有引力定律的发现／齐民友.
一北京：高等教育出版社，2008.6（2024.1重印）
（数学文化小丛书／李大潜主编）
ISBN 978-7-04-023837-2

Ⅰ．遥… Ⅱ．齐… Ⅲ．①微积分－普及读物②万有引力定
律－普及读物 Ⅳ．O172-49 O314-49

中国版本图书馆 CIP 数据核字（2008）第 057176 号

项目策划　李艳馥　李　蕊

策划编辑　李　蕊　　　责任编辑　崔梅萍　　　封面设计　王凌波
责任绘图　杜晓丹　　　版式设计　王艳红　　　责任校对　姜国萍
责任印制　田　甜

出版发行	高等教育出版社	咨询电话	400-810-0598
社　　址	北京市西城区德外大街4号	网　址	http://www.hep.edu.cn
邮政编码	100120		http://www.hep.com.cn
印　　刷	中煤（北京）印务有限公司	网上订购	http://www.landraco.com
开　　本	787×960 1/32		http://www.landraco.com.cn
印　　张	3.25	版　次	2008年6月第1版
字　　数	57 000	印　次	2024年1月第18次印刷
购书热线	010-58581118	定　价	10.00 元

本书如有缺页、倒页、脱页等质量问题，请到所购图书销售部门联系
调换。
版权所有　侵权必究
物料号　23837-00

数学文化小丛书编委会

数学文化小丛书总序

　　整个数学的发展史是和人类物质文明和精神文明的发展史交融在一起的。数学不仅是一种精确的语言和工具、一门博大精深并应用广泛的科学,而且更是一种先进的文化。它在人类文明的进程中一直起着积极的推动作用,是人类文明的一个重要支柱。

　　要学好数学,不等于拼命做习题、背公式,而是要着重领会数学的思想方法和精神实质,了解数学在人类文明发展中所起的关键作用,自觉地接受数学文化的熏陶。只有这样,才能从根本上体现素质教育的要求,并为全民族思想文化素质的提高夯实基础。

　　鉴于目前充分认识到这一点的人还不多,更远未引起各方面足够的重视,很有必要在较大的范围内大力进行宣传、引导工作。本丛书正是在这样的背景下,本着弘扬和普及数学文化的宗旨而编辑出版的。

　　为了使包括中学生在内的广大读者都能有所收益,本丛书将着力精选那些对人类文明的发展起过重要作用、在深化人类对世界的认识或推动人类对世界的改造方面有某种里程碑意义的主题,由学有专长的学者执笔,抓住主要的线索和本质的内容,由浅入深并简明生动地向读者介绍数学文化的丰富内涵、数学文化史诗中一些重要的篇章以及古今中外一些著名数学家的优秀品质及历史功绩等内容。每个专题篇幅不长，并相对独立，以易于阅读、便于携带且尽可能降低书价为原则，有的专题单独成册，有些专题则联合成册。

希望广大读者能通过阅读这套丛书，走近数学、品味数学和理解数学，充分感受数学文化的魅力和作用，进一步打开视野，启迪心智，在今后的学习与工作中取得更出色的成绩。

李大潜

2005年12月

目　　录

一、引　子

图 1　牛顿

这是英国诗人和版画家布莱克(William Blake, 1757—1827)画的牛顿. 他背靠着象征理性的巨石, 而在其基础上, 绘出宇宙的蓝图. 但是布莱克并不承认人的理性可以理解甚至超越上帝

　　这本书是《遥望星空(一)》的续篇. 在上篇的结尾, 我们讲到了怎样解释开普勒三大定律的问题, 而且指出了正是牛顿发现了万有引力定律解决了这个问题. 而在发现万有引力定律并用它来解决这个问题的过程中, 牛顿和一批伟大数学家所系统创立的微积分充分展示了数学的伟力. 微积分可以说是数

学中自欧几里得《几何原本》以后最重要的创造. 本书的目的就是介绍这个伟大的故事. 关于牛顿, 我们先来引述蒲柏(Alexander Pope, 1688—1744, 著名的英国诗人)关于牛顿的名句:

> 大自然和它的规律深藏在黑暗中,
>
> 上帝说, 要有牛顿, 普天大放光明.

(Nature and nature's laws lay hid in night:

God said,Let Newton be!And all was light.)

其实, 全诗就只有这两句, 诗的标题是 *Intended for Sir Isaac Newton, in Westminster Abbey* (1735), 不妨译为"访威斯特敏斯特寺牛顿墓". 蒲柏常写这种体裁的诗. 这首诗很像是为牛顿写墓志铭, 而且明显的是模仿《圣经》创世纪第一章的第三节:

> 神说, 要有光, 就有了光.

(And God said, let there be light:

and there was light.)

牛顿是伟大的. 在前一本书里我们引用了伽利略关于哲学是写在大自然这本书里的这句名言, 而爱因斯坦接着说:"大自然对于牛顿是一本打开了的书, 那里的字他读起来毫不费力." 牛顿可以说是第一个系统地展现了宇宙的根本规律或法则从而使得普天之下大放光明的科学家. 牛顿的伟大创造实现了科学史上的第一次伟大的综合. 然而, 对于牛顿, 上帝仍然是宇宙的主宰者, 只不过上帝是按照数学的法则创造了世界. 牛顿还有所有其他科学家, 如哥白尼、开普勒、伽利略则只是发现了上帝的旨意. 牛顿如他自己所说, 是站在哥白尼、开普勒、伽利略这些巨人的肩上, 所以他达到了一个前所未有的高度, 他是理性时代的第一人. 这是经济学家凯恩斯的话. 但是, 在总的世界观上他也和哥白尼、开普勒、伽利略这些巨人一样, 没有也不可能超越自己的时代. 甚至, 他更深地受到宗教神学的影响, 所以凯恩斯又说, 牛顿是旧时代的最后一人, 是巫术时代最后的术士. 凯恩斯在退休而淡出经济学圈子以后, 用很大力量研究牛顿的手稿, 这就是他的结论. 那么, 应该怎样看待牛顿呢? 我们首先需要介绍一下牛顿的生平.

二、牛顿的生平

牛顿(Isaac Newton)于1643年1月4日[①] 生于林肯郡(Lincolnshire)格兰瑟姆(Grantham)附近的伍尔索普庄园(Woolsthorpe Manor). 他是遗腹子, 父亲也叫Isaac Newton. 三岁时, 牛顿的母亲改嫁了, 牛顿就和外婆生活在伍尔索普庄园. 不几年后, 继父也去世了, 母亲就带着后夫的三个孩子, 回到伍尔索普庄园, 一大家人住在一起. 在当时, 这个家庭应该算是殷实之家了. 然而牛顿的生活是孤独的, 如孤儿一般. 这与牛顿后来孱弱的身体和内向孤僻的性格有很大关系. 这个家庭当然完全谈不上对牛顿的教育, 母亲对他的希望也只是做一个富裕的农民而已. 所以要想从她手上抠出读书的钱并非易事. 但牛顿在中学毕业以后却是一心想要进大学, 虽然没有任何资料说明牛顿已经表现出过人的才智. 这时, 牛顿的舅舅支持了牛顿, 所以他才进了剑桥大学三一学院(Trinity College), 时为1661年6月, 也就是康熙皇帝继位前一年. 把科学史上的年代与我国历史大事的编年做一个对照是很有趣的事. 这样, 我们就可

[①] 这是按通用的格列高利历计算的. 由于英国国王一直和教皇闹别扭, 而在1700年前一直使用旧历(即儒略历), 而按旧历计算, 牛顿的生日是1642年12月25日. 现在的文献中, 两种说法都有.

以更真切地体会到，我国在科学上是怎样落后下来的.

现在关于牛顿在剑桥大学学习的情况所知不多.可以肯定的是，当时的剑桥大学是由亚里士多德的学说统治的. 但是，剑桥大学有一个很大的图书馆，牛顿也有充分的余暇，他特别专注攻读笛卡儿、伽桑地(Pierre Gassendi, 1592—1645, 法国哲学家与天文学家)、霍布士(Thomas Hobbes, 1588—1679, 著名的英国哲学家，唯物论机械论者)、玻意耳①等人的著作. 这些学者共同的特点是主张机械论. 这对于牛顿后来的哲学立场自然有深刻的影响. 也正是从这种机械论的立场出发，牛顿完全接受了哥白尼、开普勒和伽利略关于太阳系的日心说理论. 他仔细地分析过这些伟大先行者的著作，包括他们的数据和各种结论. 他几乎读遍了剑桥大学三一学院图书馆中的全部伽利略的著作. 但是，那里可找不到伽利略的两本最基本的著作，即《两大世界体系》和《两门新科学》. 因为剑桥大学三一学院图书馆的负责人仍然感到收藏这两本禁书要冒很大的风险. 天主教教义对当时人们的思想统治之严酷，不是我们今天可以想象得到的. 关于牛顿在哲学方面所受到的影响，还有另一方面. 当时剑桥大学最著名的哲学家亨利·摩尔(Henry More, 1614—1687)属于所谓

---

① Robert Boyle, 1627—1791, 英国物理学家，也是坚定的机械论者和实验科学的先行者. 他主张原子论，而反对亚里士多德的四元素说. 他的基本著作《怀疑的化学家》(Sceptical Chymist, 1661)的基本思想，就是在机械论的基础上，把化学建成一门有系统的科学. 他在科学方法论上对于当时英国学术界有很大的影响. 他也是伦敦皇家学会的创立者之一.

新柏拉图主义，他们一方面承认有一个机械论性质的宇宙，但是上帝是存在的，他通过一种"自然的精神(spirit of Nature)"控制着机械论性质的宇宙. 这一点对于牛顿似乎也是有影响的，而且亨利·摩尔恰好代表这种思想的神秘的通神的(theosophic)一面.

牛顿在什么时候开始对数学有了特别的兴趣，现在可考的事实不多. 除了知道他认真研读过欧几里得等希腊数学家以及笛卡儿等人的著作外，还有一点可以肯定，就是巴罗 (Isaac Barrow, 1630—1677) 对他的影响. 巴罗既是数学家，也是神学家. 而且1663年起担任三一学院的卢卡斯讲座教授 (Lucasian Professor)，这个讲座是由亨利·卢卡斯 (Henry Lucas) 于 1663 年捐资建立的. 巴罗是第一任卢卡斯讲座教授. 继任者就是牛顿. 由于继任者中很多是深刻影响甚至决定一个时代数学和物理学 (准确些说是数学物理学 (mathematical physics)) 的发展的重要科学家，所以现在卢卡斯讲座教授就成了一个威望极高的学术职位. 巴罗在三一学院曾经作过一系列讲演 (1664—1669)，后来编辑成为三本书《光学讲义》(*Lectiones Optiae*,1669),《几何学讲义》(*Lectiones Geometricae*, 1670) 和《数学讲义》(*Lectiones Mathematicae*, 1683). 巴罗本人并没有自己编书，而是由牛顿等人编撰发表的. 毫无疑问的是，巴罗的意图是想决定数学在三一学院的发展方向，因此，这几本书内容都是有关那个时代数学物理学的最重要的问题. 例如在《几何学讲义》里就包含了切线问题，这是当时数学发展的关键问题. 切线的研究，既得到当时巴罗本人的关注，又是伽利略和他的学生们如托里拆利等人研究的继续，也是后来牛顿的研究的起点. 当然牛顿也用了很大精力来研究诸如瓦里斯(John Wallis, 1616—1703, 对于微积分的建立有独创贡献的英国数学家)、詹姆斯·格列高利 (James Gregory, 1638—1675, 苏格兰数学家, 他关于无穷级数的研究对于微积分的建立、对于牛顿的研究有着特别重要的影响) 等人的数学著作. 从以上的叙述中可以明显地看到，牛顿在剑桥大学三一学院的这几年，在科学思想、科学方法和数学物理方面都已经融入当时科学发展的主流. 他的世界观也成为宗教神学和机械论的混合物.

　　牛顿在三一学院这种学术氛围中，真是如鱼得水. 他如饥似渴地吸收着科学知识的营养，浸润在科学精神的熏陶中. 关于他的工作的一个突出的例证，是他那几年留下的《哲学笔记簿》. 他一到剑桥大学，就买了一本笔记簿，记录各种事情和自己的读书心得等，而关于哲学的这一部分是最重要的，所以时常被称为《哲学笔记簿》. 他为这一部分题写的标题是 *Quaestiones Quaedam Philosophicae* (若干哲学问题)，一开始就是牛顿自己写的一段话：柏拉图是我的朋友，亚里士多德也是我的朋友，但是我最好的朋友是真理. 笔记簿里记录了许多问题，而且有一些问题还附有牛顿的说明、批注甚至是小文章. 例如有"水与盐的本质""磁的吸引力""太阳、恒星、行星与彗星的本质""浮力与重力的本质"，等等. 这些问题一定程度上表现了牛顿后来的研究方向. 笔记簿里还不时记载着对于亨利·摩尔的崇敬和他对一些问题的看法.

到了 1665 年, 发生了一件大事. 一场大瘟疫在英国爆发了. 牛顿回到伍尔索普庄园逃避瘟疫. 他在这里住了 18 个月才又回到三一学院. 可是, 这18 个月对于牛顿的一生具有特殊的意义. 有一段被广泛引用的据说是牛顿的话(作者未能找到正式的出处, 下面只好据其他文献改写):"1665 年初得到二项级数. 5 月重新发现了格列高利和斯鲁斯(René Francois Sluse, 1622—1685, 比利时数学家)作切线的方法(即微分法) ①. 11 月, 提出流数法(即微分法). 1666 年 1 月, 发现色彩的理论. 5 月开始研究反流数法 (即积分法). 同年开始研究月球运行问题. 根据开普勒第三定律, 推论出太阳对行星的引力, 应该与距离的平方成反比. 比较维持月球在轨道上所需的力与物体在地面上所受的重力, 发现二者非常接近. 实际上这就是万有引力定律." 著名的关于苹果的故事就发生在这个时期. 其实在这短短的岁月中(他自己说是他的黄金岁月), 他完成的远不止此. 例如他关于算法的思想是十分深刻的, 直到今天仍不失其意义. 可以说, 除了莱布尼茨及其追随者的贡献以外, 当时关于微积分的成就都已被牛顿吸收. 牛顿对于光学的伟大贡献, 也是从这时开始的. 图 2 中的那些纪念邮票, 其实, 都是从这个时期开始的伟大业绩.

---

① 括号里的文字是作者加的,下同.

图 2　纪念邮票

1987 年, 为了纪念牛顿《原理》一书出版 300 周年, 英国发行了一套纪念邮票, 表彰他对于人类的贡献

1667 年瘟疫过去以后, 剑桥大学又重新开学了, 牛顿也回到了三一学院. 在接下来的一两年里, 他得到了学位和Fellow①的职务, 这本来都是题中之义.

_____

① fellow一词有多种用法.以牛顿为例, 他在剑桥毕业以后, 成了
　fellow, 其实是最初级的教职, 所以不妨称为"研究助教". 在其他
　大学, 可能学有所成的人也是fellow, 则不妨称为"研究员". 皇家
　学会的"会员"也叫 fellow:Fellow of the Royal Society. 因为很
　难找到对应的中文说法, 所以这里直接使用了英文字.

但是现在的牛顿毫无疑问已经站到了科学的最前沿. 1669 年巴罗做了一件极有远见的事, 他辞去了卢卡斯讲座教授的职务, 并且推荐牛顿继任. 其实当时巴罗只不过 39 岁, 而牛顿只有 26 岁. 巴罗推荐牛顿, 可能有种种因素和种种议论, 但是历史是公正的. 巴罗自己对于数学有贡献, 但是他对人类最大的贡献, 毫无疑问是把牛顿推向波涛汹涌的科学海洋的浪尖.

牛顿一生的科学成就主要有三件: 微积分的建立, 万有引力的发现以及光学. 前两点下面将会详细讨论, 关于光学, 因为我们不打算在这本书里用更大的篇幅讨论, 所以, 现在多讲几句. 17世纪的科学中, 光学占有特殊重要的位置. 这是由于望远镜和显微镜的发明. 关于望远镜, 我们已经在前书中比较详细地介绍过了. 至于显微镜, 其实其历史已经很长了. 但是列文虎克(Antonie van Leeuwenhoek, 1632—1723, 荷兰科学家) 在17世纪中叶对此有很大的贡献, 因此被公认为显微镜之父. 他用显微镜发现了细胞, 开辟了生物科学的新天地. 英国科学家胡克 (Robert Hooke, 1635—1703) 同样有极重要的贡献. 胡克还写了《显微术》(*Micrographia*, 1665) 一书. 早在 1664 年当牛顿还是一个大学生时, 就已经研究了玻意耳和胡克(后来胡克成了牛顿的死对头, 我们以后还会谈到他) 关于光学的著作, 当然也有笛卡儿关于光学的著作. 牛顿在光学上有一个众所周知的实验, 就是把太阳光通过三棱镜分解为各个组成部分, 即各种色光. 又把这些色光用三棱镜合并起来还原成太阳光. 这种分光现象在天上的彩虹和薄薄的油膜上都可以看到. 他还由此利用一种很简单但很精确的技术测出油膜的厚度. 这个分光实验当然是光谱学的开端, 对整个物理学有基本的意义, 对于牛顿在光学方面的研究当然也有基本的意义. 所以人们把它说成是牛顿在光学上的"关键性的实验".

牛顿还进一步解释了光的本性. 那时, 在对光的本性的研究中, 主流的看法是惠更斯(Christiaan Huygens, 1629—1695, 伟大的荷兰科学家, 与牛顿的科学工作有密切关系, 我们将在以下随时提到)提出的波动说: 光的本质是一种波动. (但当时的波动说还是比较粗糙的波动说, 后来经由杨(Thomas Young, 1773—1829,英国物理学家)和菲涅尔(Augustine Fresnel, 1788—1827, 法国物理学家) 等人发展了的光的波动说则要精密多了.)胡克也持这种观点. 牛顿则相反, 主张光是由粒子组成的, 而且由此解释了许多有关光的现象. 牛顿还以此为基础, 造了一个反射望远镜. 1672 年, 牛顿发表了他关于光学的著作. 这是牛顿第一篇公开发表的著作. 也是在这一年, 牛顿当选为伦敦皇家学会会员(Fellow of the Royal Society). 牛顿还把自己的望远镜送到皇家学会, 赢得了不少好评. 但是牛顿这篇文章的发表, 却引来了惠更斯和胡克的激烈批评. 他们主要不能接受的是: 牛顿只是依靠某些实验结果就得到如此大胆的结论.因为牛顿在仔细说明了他的关键性实验以后就宣布, 对于光是否一种物质已经无需争论. 这无异于宣布光是粒子，而不是某种波动. 胡克当然不能同意，而认为牛顿的主张只是一个假说. 特别是，胡克还涉及了"科学以外"的所谓产权问题. 他使用了十分尖刻的语言，甚至说牛顿正确的东西都是剽窃了他的成果(胡克宣称牛顿的灵感来自他的《显微术》一书，而且自己在望远镜上也具有优先权)，而凡是牛顿自己的创造，则统统都是错误的. 牛顿至少是一个脾气很坏的人，他总是在保护自己，免受他人的攻击. 人们常说，害人之心不可有，防人之心不可无，其实防人过分，就必然会害人. 牛顿嫉妒任何人会超过他的成就. 1676 年 2 月 5 日，他致函胡克，先是奉承了胡克一番，然后就讲出了多少年来被人引用的一段著名的话："假如我看得比较远，那是因为我是站在你们这些巨人的肩膀上." 近年来，各种科学档案越来越多地公开了，使我们能够更公正地看待胡克. 看来，我们对胡克的贡献之大有些低估. 这主要不是对某人是否公正的问题，而是妨碍人们正确认识一个时代科学发展的全貌，妨碍人们更好地接受科学遗产.

讲到这里就不能回避牛顿的人品问题. 对于胡克，批评的话似乎更多. 关于巨人那一段话，多年来都是我们激励自己，鼓励学生的名言. 虽然这句话出于二人争吵之中，是一句火气很大的话，我们也无必要追究其细节，但是这段话所表现的科学发展的规律毫无疑问是正确的，这段话也非常形象，非常有说服力. 对于胡克，牛顿恶语伤人，并不等于牛顿一概不承认前人的贡献，实际上，上面已经讲过了牛顿在吸收前人成就上付出的努力. 牛顿和胡克怎样做人, 和我们自己怎样做人, 是两回事. 如果进一步看, 这也是一个时代的学风. 不仅牛顿和胡克大吵, 他和莱布尼茨争微积分的发明"权", 有人说是最没有意义、最令人脸红的争吵. 那时, "热爱吵架"的人, 真是多的是. 有人说, 17世纪是剽窃最盛行的世纪. 所有这一切, 不能不对科学的发展有不利的影响. 所以真正重要的是: 看一看我们的时代, 在学风上存在什么问题, 至少是引以为戒. 对于科学问题, 我以为有一条原则:科学是第一位的, 科学家是第二位的. 即以牛顿与胡克之争而言, 真正重要的是要看到, 争论的焦点其实在于科学方法论上. 17世纪在科学发展上是极为重要的阶段. 一方面当时人们看到了数学研究的重要性, 另一方面, 科学实验的地位也越来越明显. 柏拉图和亚里士多德都不承认科学实验, 而伽利略开始把科学实验的重要性放在我们眼前, 所以才有比萨斜塔实验、斜面实验、摆的实验, 等等. 培根 (Francis Bacon, 1561—1626, 英国哲学家)提倡归纳方法, 即从实验结果和观测结果归纳出自然规律. 这一思想至今为人们津津乐道, 其实是17世纪科学方法论的突出表现. 牛顿和胡克, 都是"动手能力"很强的人. 他们都能自己设计实验, 制作特别精巧的仪器, 完成特别出色的实验. 但是在世界观问题上要求人们都步伐整齐, 当然只是幻想. 这也是受到时代局限的表现. 如果牛顿生活在今天, 他又完成了他的关键性实验, 当然他可以提出假说, 人们会去考虑: 这些实验是否有错, 可否重复, 如果过了关, 这个假说就会被当作一个理论, 人们会用它来解释其他现象, 预测新现象, 寻找新规律. 如果胡克和惠更斯发现牛顿的实验出了毛病, 人们就会依据新实验、新观察、提出适合新数据的新假说. 但是我们的故事发生在三百多年前的 17 世纪 60—70 年代. 包括惠更斯、胡克都未能完全摆脱亚里士多德的思想桎梏. 他们既没有发现关键性实验有什么毛病, 也没有找到牛顿的推理有什么错误, 实际上反对牛顿的依据只在于, 牛顿的新概念与他们主张的波动说不一致(其实牛顿后来还部分地采纳了波动说). 所以应该说, 牛顿在继续伽利略所推进的科学革命事业中走得更远. 这样看来, 牛顿胡克之争, 也只是科学前进的大潮中的浪花而已. 1676 年 4 月 27 日, 胡克在皇家学会的会议上重复了牛顿的关键性实验. 一场争论也就过去. 但是两人从此结了仇. 牛顿由此又深深地躲藏在自己的壳中. 这对科学、对他们二人有什么好处?这就是他们两人性格和人品的毛病闯的祸.

1703 年, 胡克去世. 在这以前, 他还和牛顿为了万有引力理论大干了一仗, 我们下面也还要讲到. 现在胡克已经入土为安, 牛顿当然也就放了心. 于是, 1704 年, 牛顿发表了他的另一部杰作《光学》(*Opticks, or a Treatise of the Refraction, Inflexions and the Colour of Light*. Inflexion 是牛顿对绕射 (diffraction) 的说法). 这部杰作与我们下面将要介绍的《自然哲学之数学原理》(以下简称《原理》)大异其趣. 后者是完全按照欧几里得的几何格式写的, 由定义、公理和已经证明了的命题出发, 按照逻辑推理的次序逐步展开, 《光学》则是实验结果的记载, 如果说它也证明了什么, 则是按照实验的进展来陈述的, 而不用方程式, 不用微积分等, 充分表现了牛顿也是一位实验大师. 从我们上面对于17世纪科学方法论的分析来看, 《光学》和《原理》恰好是反映了当时的自然哲学的两个侧面: 如果说《原理》是数学化的自然哲学(它的书名全名就是这样说的), 那么, 《光学》就可以说是实验的自然哲学. 我们常有一种片面的看法, 就是只看到牛顿作为一个理论物理学家, 或者数学物理学家, 甚至是数学家的一面, 而低估了牛顿作为实验科学家的一面. 看来我们是低估了牛顿的思想之广度与深度. 尤其值得我们注意的是, 《光学》一书最后以 31 个 queries (质疑) 结尾. 这些质疑在一开始还都是关于具体的物理问题, 例如热的传导(我们熟知的热传导的牛顿定律就见于这个质疑之中), 还有例如重力的来源、电现象、化学作用的本质等等, 到后来则有上帝如何在 "太初(the Beginning)" 创造物质, 甚至还有人的伦理等等, 确实涉及人类思想的多个方面. 特别是最后几个质疑, 简直就是一些论文. 在《光学》一书的不同版本中, 这些质疑的文本有时有极大的出入, 唯一合理的解释是, 牛顿打算在他的这部收山之作里, 重新审视和回顾自己在思想海洋中探索的一生. 这时, 牛顿世界观中的宗教神学一面也就暴露无遗了. 所以我们不妨特别看一下最后一个(第 31 个)质疑. 牛顿在这里异常流畅地表述了自己对于造物主上帝的崇敬之情. 他说:

"自然哲学的主要任务就是依据现象而不是依据造作的假说来进行论证,从效应推出原因,直到最初的原因,那肯定不是机械的原因……在几乎空无一物的空间里有什么?何以太阳和行星中没有稠密的物质而可能互相吸引?何以大自然从不做无谓的事情;我们在世界中看到的美与秩序从何而来?彗星走到哪里去,何以行星都在同样的同心轨道上运行,是什么使得恒星不会互相碰撞?动物的躯体何以造得那么精巧,而它们的各个部分的目的是什么?没有光学的技巧能造出眼睛吗?没有关于声音的知识能造出耳朵吗?为什么躯体的运动会服从意志?动物的本能由何而来……一切都安排得如此妥善,难道这些现象不表明有一个有灵魂的、有生命的、有智慧的、无所不在的存在,他把无限的空间当作自己的感觉器官,密切地注视着一切,彻底地觉察它们;而由于它们直接地呈现在他面前而完全地了解它们?"

把这个天问式的倾诉和他初进三一学院时的《哲学笔记簿》比较一下,就可以看到牛顿的一生是在思想海洋中探索的一生,而他最终的归宿是对上帝的信仰. 这样的人必然是孤独的、痛苦的. 凯恩斯正是以他作为巫术时代的最后一个术士来解释牛顿的性格和种种缺点. 所以当牛顿回顾自己的一生时,说了下面这段有名的话:"我不知道世人会怎样看我,但是在我自己看来，我不过是一个在海边玩耍的孩子，不时找到比较光滑的小石子，比较美丽的贝壳，而真理的大海在我面前还完全没有展开." 这里的真理的大海是指什么?从他的思想发展的轨迹看来，显然不只是大自然的规律，更有他认为是终极原因的上帝的旨意. 为什么一个对于人类科学思想有如此重大贡献的人，终于又"皈依"于基督教，而且其程度又如此之深，远远超过伽利略?人类的思想要想超越宗教的桎梏，看来是一个很长的历史过程. 只要看一下今天，在经济最发达的美国，有将近一半的人仍然反对或者怀疑达尔文进化论，信服上帝创造世界的神创论，不是大可发人深省的吗?

　　这以后就没有多少可说了. 牛顿重病，几乎精神崩溃，所以，科学工作就终止了. 1696 年，牛顿离开剑桥大学，担任皇家造币厂厂长，后任总监. 1703 年11 月 30 日，牛顿当选伦敦皇家学会主席. 1705 年被封为爵士，是英国科学家中第一个受封者. 在他一生最后约 20 年中，他沉溺于神学和炼金术. 这些我们都不再涉及了. 1724 年，牛顿放弃了造币厂与皇家学会的职务定居乡下. 1727 年(雍正5年) 3 月 20 日，牛顿病逝于伦敦，葬于威斯特敏斯特寺(Westminster Abbey).

三、牛顿和微积分

微积分的建立，在数学的发展中，无疑是仅次于欧几里得几何体系的建立的最重要的事件. 如果说任何一门数学分支的建立都不可能是个别数学家努力的结果，微积分的建立更是如此.

积分学的历史比微分学早. 早在希腊时期，积分学即已萌芽，发展成为穷竭法. 希腊数学家对积分概念中的严重困难(无穷小问题)已经看得很清楚. 到了中世纪的欧洲，在经院哲学的影响下，虽然对积分理论的逻辑方面不如希腊时期研究深入，但对无穷小量、不可分量的讨论反倒更加充分，积分理论的应用范围也更广. 除了求长度、面积、体积等以外还有不少静力学问题，如求重心问题. 我们在前书中说过，伽利略的弟子们，如卡瓦列里、托里拆利都有重要贡献. 特别是伽利略关于无限集合的悖论很值得称道. 在我国，刘徽的割圆术，还有祖暅原理，也是为了解决某些积分问题. 虽然时代比西方在中世纪的类似成就早了许多，就深度而言则远远比不上.

微分学的出现要迟到16—17世纪之间. 它所涉及的问题，典型的有：切线问题、极大极小问题、运动的瞬时速度、瞬时加速度问题. 这些问题的共同特点是：必须学会在无穷小邻域内处理问题. 伽利略在摆的等时性上失败，而惠更斯能够成功，原因正在于惠更斯会处理切线、法线以及与之有关的更深入的问题，而伽利略不会. 至于微分学与积分学的关系，例如求速度的逆问题:即已知速度求旅行路程, 乃是一个积分问题, 人们并不明白.

到了牛顿时代, 这些问题都变得很迫切了. 研究结果虽然很多, 但比较零碎. 这就到了牛顿和莱布尼茨(Gottfried Wilhelm von Leibniz, 1646—1716)出台的时候了. 他们的特点在于注重方法和原理的一般适用性质, 因此比较有系统性. 特别是, 他们都发现了微分和积分的互逆性质——微积分的基本定理. 正因为如此, 现在人们公认他们是微积分的建立者. 他们的最基本的方法也都是一致的, 但是二人的着眼点, 特别是哲学观点不同. 从开始研究的时间看来, 莱布尼茨稍晚于牛顿, 而且确实受到了牛顿的影响. 但是他们二人的方法确有区别. 牛顿着重问题的几何和物理方面, 而莱布尼茨则着重其代数的形式的方面, 而且给出了更方便的后来通用的记号. 本来是互为补充、互相启发的研究, 反而成了严重不和的种子. 其后果之严重, 远非牛顿与胡克的争吵可以比较的. 我们的态度在前面已经说过了: 科学是第一位的, 科学家是第二位的. 所谓优先权之争, 真是"叫人脸红的问题", 因此我们不讲这件事.

鉴于微积分的基本知识大多数读者(包括高中学生)应该都已具备, 所以下面不做比较完整的介绍. 我们也不强调使用牛顿或莱布尼茨当年的记号和名词, 那会使读者感到困难. 由于牛顿的遗产很丰富,直到今天仍然值得我们去挖掘, 所以下面将按照本书主题——探讨太阳系的规律——的要求, 着重讨论牛顿的工作的几个侧面(有些相关的材料则放在另一个称为《数苑漫游》的栏目中). 我们的写法受到两本好书的影响, 现在也借此机会向读者推荐.

V. I. Arnold, *Huygens and Barrow, Newton and Hooke*, Birkäuser, 1990.

这本书是作者 1986 年在莫斯科数学会为大学生组织的讲演扩充而成的, 很适合大学教师和学生的水平与需要, 但是比较深.

D. L. Goodstein & J. R.Goodstein, *Feynman's Lost Lecture*, Jonathan Cape, London, 1996.

这是著名物理学家费曼 (Richard Feynman, 1918 —1988, 1965 年获得诺贝尔物理学奖) 在加州理工学院 (CIT) 对大学一年级学生讲普通物理课 (其讲义就是著名的《费曼物理讲义》(*Feynman Lectures on Physics*))的一课, 内容是讲牛顿怎样得到万有引力定律. 讲稿不知为什么遗失了, 所以《费曼物理讲义》一书并无这一讲. 后来这本书的两位作者找到了遗失的讲稿, 并且认真编撰成为本书. 以下简称《费曼佚稿》. 从其中既可以领略大师讲课的风采, 更可以看到追溯牛顿思路的另一条途径. 这条途径近年来越来越多地受到人们关注.

牛顿的研究特点是他非常注意问题的几何与物理的侧面. 牛顿研究微积分的方法前后并不一致, 但是在写《原理》时确实是专注于其几何侧面. 这是牛顿遗产中很宝贵的一部分. 近年来不少人在大学数学的教学中, 提出"回到牛顿"的口号, 就是强调问题的几何侧面. 在讲牛顿所研究的问题前, 我们先看一个初等微积分的实例, 即计算 $\dfrac{\mathrm{d}\sin\theta}{\mathrm{d}\theta}$, 看一下如果按照牛顿的方法将会怎样进行. 从图3可见, 当 θ 有一增量 $\mathrm{d}\theta$ 时, $\sin\theta$ 有一个相应增量 AC. $\mathrm{d}\theta$ 是弧 $\overset{\frown}{AB}$, 但我们用弦 $\overline{AB}$ 去代替它. 又因为 $\angle OAB = \angle OBA = \frac{1}{2}(\pi - \mathrm{d}\theta)$, 而 $\angle OAP = \frac{\pi}{2} - (\theta + \mathrm{d}\theta)$, 所以

$$\angle BAC = (\frac{\pi}{2} - \frac{\mathrm{d}\theta}{2}) - (\frac{\pi}{2} - \theta - \mathrm{d}\theta) = \theta + \frac{\mathrm{d}\theta}{2}.$$

当 $\mathrm{d}\theta$ 非常小(我们为简单起见就说是无穷小)时, $\angle BAC \approx \angle BOQ = \theta$, 而有 $\triangle BAC \sim \triangle BOQ$, 由此当然就有 $AB : AC = OB : OQ$, 即 $\mathrm{d}\theta : \mathrm{d}\sin\theta = 1 : \cos\theta$. 这就是 $\dfrac{\mathrm{d}\sin\theta}{\mathrm{d}\theta} = \cos\theta$. 但是这样做容易引起误会, 以为把 $\mathrm{d}\theta$ 丢掉就万事大吉. 因为这就相当于令 $\mathrm{d}\theta = 0$, 而这样一来就只余下了 $\triangle BOQ$, 也就没有戏可唱了. 关键在于:

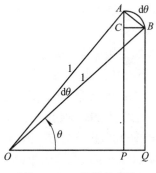

图 3　$\sin\theta$ 导数的求法

并非略去所有无穷小量$\mathrm{d}\theta$, 而是略去
比它高阶的无穷小量如$(\mathrm{d}\theta)^2$.

读者可能以为这样做反而更麻烦了, 但是比较一下
多数标准微积分教材上的讲法:

$$\begin{aligned}
\frac{\mathrm{d}\sin\theta}{\mathrm{d}\theta} &= \lim_{\mathrm{d}\theta\to 0} \frac{\sin(\theta+\mathrm{d}\theta)-\sin\theta}{\mathrm{d}\theta} \\
&= \lim_{\mathrm{d}\theta\to 0} \frac{\sin\theta\cdot(\cos\mathrm{d}\theta-1)+\cos\theta\sin\mathrm{d}\theta}{\mathrm{d}\theta} \\
&= \sin\theta\cdot\lim_{\mathrm{d}\theta\to 0}\frac{\cos\mathrm{d}\theta-1}{\mathrm{d}\theta}+\cos\theta\lim_{\mathrm{d}\theta\to 0}\frac{\sin\mathrm{d}\theta}{\mathrm{d}\theta} \\
&= \cos\theta.
\end{aligned}$$

这里同样利用了$\cos\mathrm{d}\theta = 1+O(1)(\mathrm{d}\theta)^2$ 以及 $\dfrac{\sin\mathrm{d}\theta}{\mathrm{d}\theta} = 1+O(1)(\mathrm{d}\theta)^2$. 再略去$(\mathrm{d}\theta)^2$. 可见, 不管用什么讲法, 微分学的基本原则就是:

首先决定一个基础的无穷小量, 如我
们这里的$\mathrm{d}\theta$, 然后在运算中略去一切比它
更高阶的无穷小量.

著名的极限式$\lim\limits_{x\to 0}\dfrac{\sin x}{x} = 1$, 就是讲的圆弧之长与
相应弦长相差一个高阶无穷小量, 因此其差别可以
不计, 而可互相替代.

我们再来如牛顿那样, 从物理学 (其实是运动
学) 角度看一下导数问题. 牛顿还没有明确函数(作
为变量的对应关系)的概念. x 的函数这一名词首先
是莱布尼茨开始使用的. 他讨论的对象是曲线, 与
之有关的有 6 个几何量: 纵坐标, 横坐标, 切线, 法
线, 次切线 (subtangent), 次法线 (subnormal), 它们
各有自己的功能 (function). 后来最后面的这个词就

引申为一数学名词——函数(function), 而且特指纵、横坐标 y、x 的关系 $y = f(x)$. 牛顿则注意到例如一个动点的位置 (用向量 $\vec{s}(t) = (x(t)，y(t))$ 表示) 以及时间 (用 t 表示) 都是流动的量, 他把流动的量之间的关系称为流量 (fluent), 也就是我们说的函数. $x(t)，y(t)$ (它们恰好是莱布尼茨所说的曲线的两个不同的功能——function对于t的变化率(即导数), 牛顿称为流数(fluxion), 并用上加一点 $\dot{x}(t)，\dot{y}(t)$ 来表示. 这个记号到今天仍然广泛使用, 几乎一定表示对时间的导数. 于是$(\dot{x}，\dot{y})$ 就是速度向量, 而其两个分量分别表示水平和垂直方向的分速度. 这是伽利略就已经说清楚了的概念. 令速度向量的倾角为 θ, 则$\tan\theta = \dot{y}/\dot{x}$ 表示此动点运动轨迹的斜率. 而其实我们很容易看到, $\tan\theta$ 可以由

$$\frac{y(t+h) - y(t)}{x(t+h) - x(t)} = \frac{\dot{y}(t)h + o(h)}{\dot{x}(t)h + o(h)}$$

中略去高阶无穷小量而得. 这当然就是曲线由隐式方程 $f(x，y) = 0$ 给出时切线斜率的求法.

其实, 略去高阶无穷小量这条原则, 牛顿之前许多人例如巴罗都知道, 只不过牛顿应用这条原则更加系统而已. (莱布尼茨也知道而且也应用了这一点.)下面我们来看一下牛顿是怎样利用它来解决微分学的各种问题的. 牛顿把他在微积分学中的主要结果都列入《原理》一书中作为其第一篇第一章:"初量与终量的比值方法". 但是由于牛顿时代的语言现在的人们不太好懂, 而且牛顿自己对于无穷小量的理解也还拿不定主意, 时而这样说, 时而又那样

说，当时也没有明确的极限理论，所以读起牛顿的书来，常常感到晦涩难解. (其实牛顿自己讲起课来，"效果"也不敢恭维，有时学生都跑光了，牛顿也乐得自己回家去做研究.)下面用我们现在的语言介绍牛顿是怎样使用略去高阶无穷小量来解决微分学中的基本问题的.

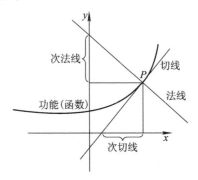

图 4　莱布尼茨的所谓函数(功能)

切 线 问 题

　　这是一个很老的问题. 在牛顿以前，许多人都考虑过它. 特别是，在一些具体的问题中涉及了有关切线和法线的很深刻的问题. 我们在前书讲到旋轮线的等时性时，专门讲到惠更斯关于旋轮线的渐开线、渐屈线的研究，都是有关切线法线的深入的性质. 巴罗就已经把切线定义为割线的极限位置. 那么，牛顿的贡献是什么呢?

　　牛顿在《原理》的第一篇第一章中，连续用引理6—9来讨论切线问题①. 为了不使读者为当时的语言和记号所苦, 我们用现在的语言来解释它们.

如图5所示: 设曲线L是函数$y = f(x)$的图像.

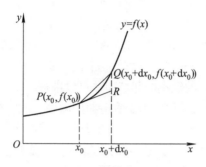

图 5　切线PR与弦PQ的关系

其上取一个定点$P(x_0, f(x_0))$, 再作弦PQ, Q点坐标为$(x_0 + \mathrm{d}x, f(x_0 + \mathrm{d}x))$. 于是引理6指出, 当$\mathrm{d}x \to 0$时, $\angle QPR \to 0$. 引理6还用反证法证明了这一点, 说, 如若不然, 弧PQ将与切线PR有一个非0的夹角, 而这与曲线具有"连续曲率"的假设矛盾.("连续曲率"的假设, 就是我们现在讲的假设曲线在P点光滑. 那时人们当然还不会考虑光滑性. 但是牛顿, 特别是惠更斯确实考虑了曲线的奇点.)再进一步, 我们让动点Q沿曲线L趋向P点, 则$\mathrm{d}x \to 0$, 而$QR = \mathrm{d}x \cdot \tan \angle QPR$, 而曲线与其切线之差, 比之例如切线上相应点到切点之距离是高阶无穷小量, 因此可

---

① 《原理》一书有中文译本: 王克迪译, 武汉出版社, 1992. 这几个引理见中译本31~33页. 以下凡用到《原理》的中文译本时, 均指这个译本.

以忽略不计, 而以切线"代替"曲线.

但是在这里有两点应该说明, 首先是, 只在仅仅涉及曲线的方向问题(如切线、法线等)时, 用我们现在的语言来说, 就是仅仅涉及一阶导数的问题(简称为一阶问题)时, 这里的差别才可以忽略不计, 而在考虑更高阶的问题如曲率问题(牛顿确曾考虑过曲率, 但他称为曲度)时就不行了. 其次, 这种代替只有在切点的很小的邻域中才可以进行.

牛顿的这个思想: 在一阶问题中, 曲线与其切线局部地等价, 不仅在牛顿的时代, 而且在今天都有着重大的意义. 现在以光的传播为例来说明它.在牛顿的时代, 光学是一门极重要的科学, 只要看一下天文学如何依赖于光学就明白了. 光的基本性质, 如光走直线, 有反射定律(入射角与反射角相等), 可能欧几里得就已经知道. 关于折射的斯涅尔正弦定律, 是斯涅尔(Willebord van Roijen Snell, 1580—1626, 荷兰科学家)在1621年发现的, 但他当时并未发表, 而是在他身后由惠更斯发表的. 当时, 例如讲反射, 是讲光在平面镜上的反射. 讲折射, 则是例如光由空气进入水中时发生的折射, 而水的界面也是平面. 那么, 光在曲面上的反射与折射又当如何处理?而例如透镜的表面必定是曲面. 首先, 我们只需考虑光线射到曲面上的那一点附近就行了, 所以这是一个典型的局部问题. 又因为这里只用到法线概念, 所以又是典型的一阶问题. 按照牛顿的思想, 对于曲面而言(牛顿讲的是曲线, 但是用于曲面也是一样的), 可以用切面(切线)代替曲面(曲线), 这样, 我们就知道光学的这些定律对曲面(曲线)仍然有效. 这该节省人们多少精力!几何学的发展可以分成两个阶段, 即经典的欧几里得几何(包括解析几何)和微分几何, 牛顿的思想其实就是微分几何的起点.

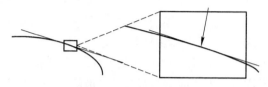

图 6　曲线可以用切线来"代替". 右图是左图中方框的放大

极大极小问题

极大极小问题是微分学的另一个重要应用, 而且也是应用略去高阶无穷小量这个原则的很好的例子. 话还要回到光线的传播(包括反射与折射). 反射定律与关于折射的斯涅尔定律, 似乎都是由观察得来的. 问题在于为什么光会服从这样的定律, 它们的后面是否还有更深层的规律性. 伟大的法国数学家费马(Pièrre de Fermat, 1601—1665)[①]提出了一个原理, 现在称为费马原理: 在所有可能的路径中, 光走耗时最少的路径. 我们不知道费马是如何发现它的,

---

[①] 我们对费马在数学上贡献之大实在估计太低. 许多人似乎只知道费马大定理, 而实际上, 可以说他与笛卡儿同为解析几何的创始人; 他也是近代数论的开创者; 他对于概率论的创立有极大贡献; 有人还说他也是微分学的创始人. 下面讲的费马原理之重要则远远超出了数学的范围. 可惜因为篇幅限制, 我们不能给他写一个小传.

但它确有浓厚的思辨甚至宗教色彩: 看来上帝在创造世界时, 是非常"节省"、非常"经济"的. 到了18世纪, 还发现上帝在其他问题上也是非常节省的: 质点的运动遵循作用量最小的原理. 什么叫做"作用量"?一个人能够扛着重物飞快地跑, 而且跑了好长时间, 就说这个人"作用"很大(作用的正式定义确实是由此来的, 它基本上就是质量× 速度× 时间), 所以上帝有点懒. 但是不难反驳上帝最节省的说法, 因为同样有证据表明上帝有时又是最浪费、最不经济的. 重要之点在于, 这种类型的原理, 在数学物理中极为重要, 统称为变分原理. 所以费马也是第一个提出变分原理的人, 当然只是最简单的变分原理. 费马用光的反射与折射来验证他原理, 这件事在任何一本微分学的书上都有, 所以不再重复. 但是费马走得更远. 他把这个例子作为一大类数学问题的模型, 而给出了一般的方法. 这类问题是: 设有一个函数 $f(x)$, 一个点 x_0 怎样才能成为它的极小或极大. 我们有意把问题陈述得模糊一点, 原因在下面解释.

令 x 是由 x_0 取一个很小的增量 h (其实就是上面讲的切线问题时的 $\mathrm{d}x$. 在微积分初创时期, 人们对事物本质不甚了解时, 常用不同的记号记同样的对象. 这种情况在现在的微积分教材中还常有. 用 h, $\mathrm{d}x$, Δx, $\cdots$的都有, 都是指的自变量的增量, 而费马则把增量记作 E), 即令 $x = x_0 + h$, 于是写出 $f(x) = f(x_0 + h) = f(x_0) + Ah + o(h)$. 这里的 $A = f'(x_0)$. 如果以 h 为基本的无穷小量, 则 $o(h)$ 是高阶无穷小量. 按照略去高阶无穷小量这个原则, 即知在 x_0 附近, 可以用直线 $y = f(x_0) + Ah$ 来"代替"原有的 $y = f(x)$, 而现在 A 称为此直线的斜率. 请注意了:如果 $A \neq 0$, 此直线必定由左而右上升或者下降, 而 x_0 不是它的极大或极小, 当然也就不是原来函数 $f(x)$ 的极大或极小. 所以 $A = 0$ 是 x_0 为 $f(x)$ 的极小值的必要条件. 充分条件要复杂多了. 当然其中应该包括 $A = f'(x_0) = 0$. 但是只有这一点就只能得出 $f(x) = f(x_0 + h) = f(x_0) + o(h)$, 而看不清在 $f(x)$ 的变动中, 是什么在起决定作用了. 所以现在需要把 $o(h)$ 再加以分解, 而还要加上对于二阶导数的考虑, 例如给出

$$f(x) = f(x_0) + Bh^2 + o(h^2), \quad B = \frac{1}{2!}f''(x_0).$$

这当然是 $f(x)$ 在 x_0 附近有二阶连续导数的条件下做的. 所以在我们的教材中总是说, 在这样的条件下, 如果 $f''(x_0)$ 为正(为负), 则 x_0 为极小(极大). 如果再有 $f''(x_0) = 0$, 那就要依此类推, 考察更高阶的导数. 可是情况的复杂性远不止此, 在多个自变量情况下又会如何?问题在于, 尽管情况会复杂无比, 在处理变分原理问题时, 牛顿的略去高阶无穷小量原则, 现在要发展成为, 把 $f(x_0 + h) - f(x_0)$ 分解为各阶无穷小量之和. 应该说, 牛顿已经在一些特例下看到了这一点(具体说来是指曲率), 牛顿的这个思想对于现代数学的重要性无论如何评价都是不为过的.

关于微分学, 我们就讲到这里. 下面要讲积分学以及微积分的基本定理. 可是, 基本的原则仍然是略去高阶无穷小量.

数苑漫游(一)

椭　圆

现在我们开阔一个新栏目:数苑漫游,把一些需要用而放在正文中又嫌太长的内容放进去. 这些内容又时常是在教学中跳过去了的.

在往下讲以前我们先回忆一个很初等的问题,看看椭圆(还有双曲线)的一些很简单的性质. 一方面让读者看一下, 上面讲的材料其实对读者并不那么生疏; 同时也是因为下面我们还会用到它们. 椭圆的画法, 可以用一支笔和一段固定长度(为 $2a$) 的细绳画出来, 如图 7 那样, 读者想必都已知道, 所以我们就不加说明了.

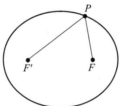

图 7　椭圆的画法

由此立即看到椭圆就是到两定点 F , F' (焦点)距离之和为常数的动点之轨迹: $PF + PF' = 2a$. 这里 $2a$ 是绳子的长度. 如果把细绳放长一点, 则由图8上很容易看到笔尖 Q 将在原来的椭圆外面画出一个大一点的椭圆. 这种大一点的椭圆, 会把原来椭圆的外域盖满. 因此椭圆外面的 Q 点, 必适合 $QF + QF' > 2a$.

同理, 椭圆内域中的点 q 必适合 $qF+qF' < 2a$.

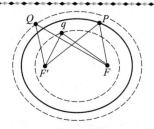

图 8 椭圆的外域和内域

现在我们用切线来代替椭圆,看会有什么结果.过椭圆上一点 P 作切线 L,由椭圆的凸性,其上除切点 P 外,所有点全在椭圆外.现在我们提出以下的问题:在此切线上,找一点 Q,使 $FQ + F'Q$ 为极小.从上面所说知道,当 Q 为切点 P 时,

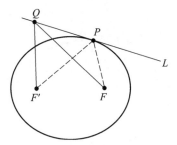

图 9 化为切线上的极值问题

即得问题的解答.但是这个问题是一个著名的初等几何问题:只要作 F' 对于此直线 L 的对称点 G',则直线 FG' 与直线 L 的交点即为解答 $Q = P$(图10).

利用这种相等关系以及对顶角关系,即知 PF 与 PF' 分别与 L 成相等锐角.把这个几何事实用到光线上, 即知, 如果从 F 向直线 L 发出光线, 使之反射到 F', 则这两个锐角恰好就是入射角与反射角的余角. 如果从反射定律出发, 反射点的决定应该使入射角与反射角相等, 所以反射点就是 P 点. 如果由费马原理出发, 反射点应该使 $QF + QF'$ 达到极小, 所以反射点也同样恰好是 $Q = P$. 这两个说法结果都相同, 恰好验证了费马原理. 再因为微分学告诉我们, 椭圆与它的切线可以互相代替, 我们就得到了椭圆的光学性质如下: 从椭圆的一个焦点向此椭圆发出光线, 必定反射到另一焦点, 而且入射角与反射角相等.

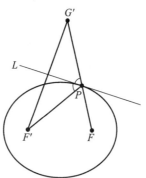

图 10 极值问题的解答

从以上所述, 还可以得到画椭圆的一个简单方法. 以一个焦点 F 为心(把它改写为 C), 以 $2a$ 为半径作一个圆. 在此圆周上取一点 p, 并从另一个焦点 F'(改写为 O, 因为以后椭圆常用极坐标表示, 而且总是以一个焦点作为原点, 所以下面就用这个焦点作为原点, 而且改变其记号)作连线 Op 以及由圆周的中心 C 作半径 Cp. 现在问, 半

径 Cp 与椭圆交在哪一点上?连接 Op 并作其垂直平分线, 使与 Cp 相交于 P 点. (想一下为什么一定会相交?)于是有 $OP = Pp$, 所以

$$OP + PC = Pp + PC = Cp = 2a.$$

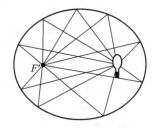

图 11 椭圆的光学性质

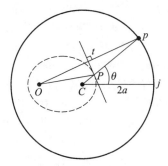

图12 椭圆的作图法

所以 P 点是椭圆上一点. 令 p 绕此圆一周, 则 P 绕椭圆一周, 而我们得到了整个椭圆.

另一种重要的圆锥曲线是双曲线. 它在研究物体绕中心的转动时也很重要. 它的定义如下: 设有两个定点 F , F' , 其距离为 $2c$, 求一动点 P 使得

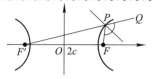

图 13　双曲线及其光学性质

$$PF' - PF = 2a,$$

这里 $0 < a < c$. 读者都知道, 双曲线有两支, 我们通常总把这两支看成一个统一的曲线. 因为它们统一地写为一个方程 $\dfrac{x^2}{a^2} - \dfrac{y^2}{b^2} = 1$. 但是在许多问题中, 例如在研究物体绕一定点运行以及在用极坐标时, 看成两条曲线反而更方便. 我们现在关心的只是其右支, 因为其上的点 P 距离 F 显然比距离 F' 近, 这样才有可能使得 $PF' - PF = 2a > 0$. 其另外一支满足条件 $PF - PF' = 2a > 0$. 当然我们可以把定义双曲线的条件写为 $|PF - PF'| = 2a > 0$, 但是出现绝对值有时也会带来麻烦. 和椭圆的情况类似, 右支的右方(含焦点的一方)适合 $PF' - PF > 2a$, 其左方则适合 $PF' - PF < 2a$. 对左支情况类似. 如果使用绝对值, 则两侧含焦点的两个无限区域适合 $|PF - PF'| > 2a$, 而中间含原点的无限长条适合 $|PF - PF'| < 2a$. 我们也可以"捏造"一个"实际问题": 在一条直线两侧各取一点, 并在直线上找一点, 使到这两点的距离之差为极大, 而且可以完全仿照椭圆的情况, 用初等方法解决. 倒是可以给出一个画双曲线的方法:以 F' (F) 为心, $2a$ 为半径画一个圆(图上没有画出来), 作一条半径, 如图上的 $F'Q$, 设它与此圆的交点为 Q, 连接 FQ (图上也未把 FQ 画出来, 请读者自己做)并作其垂

直平分线与 $F'Q$ 交于 P 点,此点就是双曲线右支上的点. 这样就可以做出整个右支. 图13上还作出了法线,同时还可以提到,法线就是 $\angle FPQ$ 的平分线. 切线则请读者自己做(如果有兴趣的话),如果光线由 FP 发出,则 $F'P$ 的延长线 PQ 就是反射线. 这就是双曲线的光学性质:反射线似乎是由另一个焦点发出的. 以上只讨论了右支,左支的情况是一样的.

读者可能奇怪,何以双曲线的性质及应用不如椭圆那么广泛?这是事实. 但是当我们在探索深空时,到火星去,到土星、木星去,就会看到双曲线的应用,这时我们可能会感到惊喜.数学就是这样伟大的科学,它带给人类的礼物,时常是人们没有想到的.

积分学与微积分的基本定理

通常教科书上讲到积分总是分为定积分与不定积分. 这样做是对的. 而且大体说来,定积分是莱布尼茨的着眼点,不定积分则是牛顿的着眼点.

牛顿的《原理》第一篇第一章的引理2—4都是讨论具可变上限的定积分的(即不定积分). 图14就是从《原理》一书中抄来的. 引理2对图14上的曲边图形给出了计算其面积的方法,实际上就是定积分的定义. 底边 AE 被等分为 n 个小段,所以 $AB = BC = CD = DE$. 看它的第一个图形 $ABba$,可以用两个矩形去代替它:$ABbK$ 和 $ABIa$. 如果底边之长度无限地减小, 使得 AB 成为无穷小量(我们就以它为基本的无穷小量), 则当曲线为连续(牛顿还没有考虑过不连续的曲线)时, 这两个小矩形的面积之差应该是一个高阶无穷小量, 因而可以忽略不计. 但是现在的问题与前面不同. 当每一个小段长度趋于零时, 段数 n 趋于无穷大. 那么, 无穷多个高阶无穷小之和, 是否仍为无穷小?对于现在大中学教材中考虑的那些曲线(即函数)而言, 这是没有问题的. 牛顿则似乎没有考虑这个问题. 如果不管这件事, 则因为从图形上看, 曲线是单调的, 所以较矮(较高)的矩形面积和, 恰好就是下(上)积分, 牛顿的引理2则说"内切图形……外切图形……和曲边图形……将趋于相等".这与我们今天使用的定积分定义是完全一样的.

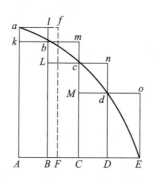

图14 《原理》中的插图

牛顿还进一步考察了曲边图形的右侧边可以变动的情况(图15). 如果我们记从左侧 c 开始到右侧变动的 x 为止的曲边梯形之面积为 $z(x)$, 它当然是 x 的函数. 它对 x 的导数是什么?为此令 x 有一个很小的

增量 h (不妨就说是无穷小), 则面积的增量 $z(x+h) - z(x)$ 是一个窄条的面积. 这个窄条宽为 h, 高则随点而变, 但与 $f(x)$ 只相差一个无穷小量. 所以窄条的面积与高为 $f(x)$、底为 h 的矩形面积 $f(x) \cdot h$ 只相差一个高阶无穷小量:

$$z(x + h) - z(x) = f(x) \cdot h + o(h) .$$

因此, $f(x) = \dfrac{\mathrm{d}z}{\mathrm{d}x}$, 而有微积分的基本定理:

$$\frac{\mathrm{d}}{\mathrm{d}x} \int_c^x f(t)\mathrm{d}t = f(x) .$$

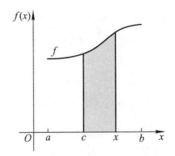

图 15   微积分的基本定理

这里值得注意的是牛顿是从把积分看成一个流动的量(即具有可变上限的定积分) 着眼的. 只不过, 现在 x 不表示时间而表示横坐标.

但是莱布尼茨是从和的角度来看积分的. 现在通用的积分记号 $\int$ 是 "和" 一词的拉丁写法 summa 的第一个字母 S 拉长而得, 这是莱布尼茨创造的 (同样, 微分的记号 d 也是莱布尼茨创造的, 它是拉丁文

differentia (差) 一词的第一个字母). 从这个角度也可以得到微积分的基本定理. 我们在下面引述的证明并不是莱布尼茨亲自给出的, 因为想要用这个证明就需要对于函数的可积性有透彻的理解, 而这是莱布尼茨做不到的. 事实上它可能是法国数学家达布 (Gaston Darboux, 1842—1917) 给出的, 也可能更早, 因为这个证明实在太简单了, 似乎用不着达布这样的大家也能证明出来. 假设 $f(x)$ 在区间 $[a, b]$ 上具有连续的导数 $f'(x)$. 把区间 $[a, b]$ n 等分如下:

$$a = x_0 < x_1 < \cdots < x_n = b.$$

记 $h = (b - a)/n$, 则当 $n \to \infty$ 时, 每一个子区间 $[x_{k-1}, x_k]$ 之长均为无穷小. 但是

$$\begin{aligned} f(b) - f(a) = & f(x_n) - f(x_{n-1}) + f(x_{n-1}) - \cdots - f(x_1) \\ & + f(x_1) - f(a). \end{aligned}$$

此式极简单但极重要. 它是最基本的组合公式, 事实上每个中学生都见过下面的式子[①]:

$$\frac{1}{1 \cdot 2} + \frac{1}{2 \cdot 3} + \cdots + \frac{1}{n(n-1)}$$
$$= (1 - \frac{1}{2}) + (\frac{1}{2} - \frac{1}{3}) + \cdots + (\frac{1}{n-1} - \frac{1}{n}) = 1 - \frac{1}{n}.$$

也就是用此法得到的. 应用拉格朗日公式, 即知在

[①] 值得注意的是, 莱布尼茨在研究调和三角(帕斯卡三角, 即我们熟知的杨辉三角或贾宪三角的推广)时, 正是应用此式得到一些重要恒等式. 它们对他的定积分研究有重要意义. 莱布尼茨的工作常有浓厚的组合学味道.

区间 $[x_{k-1}, x_k]$ 中存在一点 ξ_k 使得

$$f(x_k) - f(x_{k-1}) = f'(\xi_k)(x_k - x_{k-1}) .$$

代入上式就有

$$f(b) - f(a) = \sum_{k=1}^{n} f'(\xi_k)(x_k - x_{k-1}) .$$

此式右方是一个积分和. 因为其值并不依赖于 n, 所以就等于自己的极限, 于是有

$$f(b) - f(a) = \lim_{n \to \infty} \sum_{k=1}^{n} f'(\xi_k)(x_k - x_{k-1})$$

$$= \int_a^b f'(x)\mathrm{d}x .$$

这就是微积分的基本定理.

但是, 一般的积分和不是使用特定的 ξ_k, 而是应该取任意的 $\eta_k \in [x_{k-1}, x_k]$, (我们暂时仍设对积分区间作等分, 读者很容易看到, 这不会影响最后的结果.) 这时就不能回避极限了. 我们正是由于采用了特定的 ξ_k 才能够回避极限. 再者, ξ_k 要由拉格朗日公式来决定, 而这个公式并未提供计算 ξ_k 的具体信息.

我们想要追问一下这两个积分和之差别有多大. 很容易看到,

$$[f'(\xi_k) - f'(\eta_k)](x_k - x_{k-1}) = o(1)h .$$

所以若以 $h = (b-a)/n$ 为基本的无穷小量, 则它又是高阶无穷小量. 这里我们要利用 $f'(x)$ 的连续性. 因

此, 当$n \to \infty$ 时, 我们又遇到那个老问题:无穷多个高阶无穷小之和, 是否仍为无穷小?这个问题靠直觉是解决不了的. 柯西以及后来黎曼–达布等人的可积性理论说到底就是为了在假设被积函数的连续性的前提下解决这个问题. 在这里, 极限理论, 哪怕只用一点点, 却是不可少的. 看来, 在数学中, 凡是遇到了一个根本性的问题, 就一定要采取同样的根本性的对应之道. 解决问题的方法细节上可以不同, 根本上必然一样. 除非能从另一个角度看待它, 或者换成另一个问题. 前面讲的忽略高阶无穷小量是一个例子, 现在讲的一点点极限又是一例. 然而, 积分问题还有一个侧面.

尽管莱布尼茨并未直接给出以上的证明, 这个证明却很好地说明了积分还有组合学的侧面. 莱布尼茨正是比较充分地展开了这个侧面. 莱布尼茨对于微积分还有一个大贡献, 即乘法公式

$$\mathrm{d}(uv) = u\mathrm{d}v + v\mathrm{d}u .$$

这公式看来简单, 其实很重要. 因为在数学中有许多运算, 写成 d 也好, 写成δ, ∇, D 也好, 但都具有以上形式的乘法公式. 由于它的普遍性, 所有具有这个性质的运算都被称为求导运算(derivation), 这个公式也就被称为莱布尼茨公式. 它的证明虽然很简单, 仍然是简单的组合学公式, 但是当年莱布尼茨为它没少花功夫. 他甚至误以为$\mathrm{d}(uv) = \mathrm{d}u \cdot \mathrm{d}v$, 就是因为当时还没有看出它的组合学特点. 积分学中具有组合学特点的结果很多. 例如由莱布尼茨公式得来

的分部积分公式, 重积分化为逐次积分, 还有格林公式, 等等. 所以有人说积分(至少是黎曼积分)学无非就是组合学加一点点极限, 这是有道理的.

莱布尼茨的微积分和牛顿的微积分的区别看来在于: 莱布尼茨更加着重其形式的、代数的方面(这不是说莱布尼茨完全不理会其几何方面, 图4即是一例), 因而在记号的使用上下了更多的功夫, 使之更加好教、好学、好用. 牛顿则更加着重几何的、力学的方面(当然不是说牛顿完全不顾其组合学的侧面, 下面要讲的二项式定理就是一个例子), 所以牛顿由微积分而万有引力, 而天体力学, 可以说是顺理成章. 我们不必去为他们二人的贡献争高低. 归根结底, 莱布尼茨是一个哲学家, 牛顿则是一个物理学家, 他们的风格与着眼点不同, 是非常自然的. 对于我们, 真正的问题在于, 当我们教微积分或者学微积分时, 怎样走自己的路. 非常可惜的是, 限于篇幅, 我们不能更好地展开略去高阶无穷小与组合学方法的讨论.

有了微积分的基本定理, 就很清楚了, 微积分有两个基本问题: 知道函数(流量)怎样求导数(流数); 有了导数(流数)怎样求原函数(流量).

然而, 对于具体的函数, 怎样求它们的导数或者积分? 牛顿和莱布尼茨的时代, 人们对函数的理解, 还是限于具体的函数. 由于韦达(Francois Viète, 1540—1603, 法国数学家)提出了用字母代表数这个重要思想, 现代的代数就由此出现了(韦达也因此得到了代数学之父的称号).人们对于函数的理解也就时常是:函数就是若干字母用运算符号(加减乘除和根号)连接而得的式子. 至于其他函数, 三角函数虽然始自托勒玫时代, 对数在16—17世纪之间出现, 但用现在的语言来说, 它们都是用微分方程或者积分来定义的. 指数函数出现得比对数函数更晚, 甚至要等到一个世纪后, 也是用微分方程来定义的(现在的教材的讲法与历史基本不符). 所以为了对一般的函数(那时所谓一般函数, 也就是以上说的那些)作微分或积分, 就必须找到一个一般的方法来表示函数. 牛顿用二项定理(其实是二项级数)解决了这个问题. 这是牛顿的重大贡献. 这定理说:

$$(1 + x)^{\alpha} = \sum \frac{\alpha!}{k!(\alpha - k)!} x^k .$$

当然, 这个定理本来只对正整数 α 成立, 否则甚至 $\alpha!$ 也无法定义. 牛顿把这些系数写成

$$\frac{\alpha(\alpha - 1) \cdots (\alpha - k + 1)}{1 \cdot 2 \cdots k},$$

这样即令 α 不是正整数, 系数也有定义了. 所以, 牛顿处理的实际上是无穷级数. 如何证明这个定理呢? 牛顿实际上使用了类比而不是证明. 他令 $\alpha = \frac{\beta}{2}$, 而看到 $\beta = 0, 2, 4$ 时这个公式都对, 于是就断言, 它对任意的 α 也对. 然后牛顿就来验证. 例如 $\alpha = -1$ 时, 按此公式有

$$(1 + x)^{-1} = \frac{1}{1 + x} = 1 - x + x^2 - x^3 + \cdots,$$

双方乘以 $1 + x$ 并且按照多项式那样作代数运算, 发

现结果果然正确. 再令 $\alpha = \dfrac{1}{2}$ ，又有

$$(1+x)^{\frac{1}{2}} = \sqrt{1+x} = 1 + \frac{1}{2}x + \frac{\frac{1}{2}(\frac{1}{2}-1)}{1 \cdot 2}x^2 + \cdots,$$

双方平方，结果又是正确的．于是牛顿就认为结果已经得到了证明．我们时代的人都会问，收敛性怎么办？老实说，牛顿还没有那么高的"觉悟"，莱布尼茨"思想更解放"：他干脆在 $(1+x)^{-1}$ 的展开式中令 $x=1$ ，而得

$$\frac{1}{2} = 1 - 1 + 1 - 1 + \cdots .$$

至于无穷级数能不能像多项式一样进行运算，牛顿和莱布尼茨都没有感觉到这里会有问题．一直到18世纪，无穷级数真可以说是，既叫人爱，又叫人恨．它既使人们能做许多过去无法做的事，又桀骜不驯，行为乖张，很难掌握．我们在教微积分时，时常自觉不自觉地总在"提防"，不要犯不严格的错误，而没有把重点放在如何向这些科学巨人学习，学习他们的创造精神，学习他们如何由不够严格甚至有毛病的结果走向更完美的结果．春秋不责备贤者，科学的发展要求我们"补台"而不是"拆台"．现在许多人老爱说牛顿和莱布尼茨不严格，有待我们来"纠正"其错误.我们当然远不能与牛顿和莱布尼茨比高下，但是牛顿和莱布尼茨生活在科学大步前进的时代，历史赋予他们的任务就是开辟新局面，补台的任务是后人的事.怎样补台?以下具体道来.

　　上面我们已经说过，微积分的基本问题就是求导数和积分．如何求一般函数的导函数和积分？我

们先看函数 x^α 的导数. 牛顿的作法如下(这一次我们采用牛顿的记号). 令 x 得到一个增量 o. (注意, 它看起来像是 0, 其实不是 0, 而是小写拉丁字母 o, 意味着它像 0 又不是 0, 隐含地指它为无穷小. 我们在这里又一次看到记号上的"混乱": 或 h, 或 $\mathrm{d}x$, 或 E, 现在又来了一个 o. 它们究竟是不是一回事呢?)则 x^α 相应也有增量 $(x+o)^\alpha - x^\alpha = \alpha x^{\alpha-1}o + \cdots$. 这里的 $\cdots$ 中的各项都含有 o 的高次幂. 这两个增量之比等于 $\alpha x^{\alpha-1} + \cdots$, 这个比牛顿称为最初比(其实就是我们熟知的差商 $\Delta x^\alpha / \Delta x$), 而 $\cdots$ 中的各项都含有 o. 令 o 为 0, 就得到牛顿所谓最末比, 也就是流数, 我们则称其为导数: $\alpha x^{\alpha-1}$. 当然也就有 x^α 的反流数 $\dfrac{1}{\alpha+1}x^{\alpha+1}$ (但要限于 $\alpha \neq -1$ 的情况), 它就是下限为 0 的不定积分 $\displaystyle\int_0^x x^\alpha \mathrm{d}x = \dfrac{1}{\alpha+1}x^{\alpha+1}$. 这样一来, 很长一段历史时期中的积分的结果, 例如伽利略和他的弟子们的结果, 全部概括于此.

更进一步, 如果已经得到一个函数的级数展开式 $f(x) = \sum a_n x^n$, 想要求其导数或积分, 牛顿指出, 只需逐项求导或求积分即可(但是下限取为 0, 用我们现在的语言来说, 牛顿的级数展开式都是在 0 点展开的, 所以积分下限一定要取为 0). 于是牛顿得到了以下的展开式:

$$\log(1+x) = \int_0^x \frac{1}{1+x}\mathrm{d}x = x - \frac{x^2}{2} + \frac{x^3}{3} - \cdots.$$

这里还附带解决了当 $\alpha = -1$ 时, 如何求 $(1+x)^\alpha$ 的反流数问题. 这里还有一点趣闻. 对数的早期发现者之一的麦卡托(有两个同名的麦卡托, 一个是制图学家, 德国人Gerard Mercator, 1512—1594;另一个是Nicholas Mercator, 大约1620年生于德国北部(或者当时属于丹麦)的Holstein, 我们讲的是后一位)当时也得到了这个级数. (其实同时代得到这个结果并且把对数与双曲线下面的面积联系起来的数学家, 还有人在.)牛顿的脾气有点怪. 一方面, 性格极为内向, 总想隐居遁世, 不愿意发表自己的研究结果; 另一方面, 又极度担心别人窃取了他的成果. 因此当他从巴罗那里知道别人已经得到了类似的级数时, 又十分急迫地发表自己的论文. 这就是1669年的《论用含无限多项的等式作的分析》(*De Analysi per Aequationes Numero Terminorum Infinitas*). 此文简称《论分析》或《论无穷级数》, 虽然完稿后就交给了皇家学会, 但直到他死后44年的1771年才正式发表. 牛顿正式发表的有关微积分的基本论文不过三四篇, 而且发表的时间都拖后很长, 所以时常发生"知识产权"之争. 上面提到过, 17世纪是剽窃最盛行的年代, 其实, 许多人都研究同样的问题, 结果互相重叠, 是很自然的事. 即以无穷级数问题而言, 实在难以分清, 哪些成果属于牛顿, 哪些属于莱布尼茨还有别人. 这种客观背景, 加上牛顿的性格, 更是使他不断地陷入"知识产权"之争, 真可谓造化弄人. 我们又何必对此那么认真呢?真正重要的是"数学分析"一词正式出现了, 这确实是牛顿的创造. 按照牛顿的原意, 数学分析就是用无穷级数(当时还只有幂级数)研究微积分的问题.

牛顿掌握无穷级数熟练的程度, 可以从他能够利用无穷级数来求反函数看出来. 事实上, 如果 F, f 互为反函数: $F(f(x)) = x$, 而且知道 $f(x) = \sum_{n>0} a_n x^n$, 则令 $F(y) = \sum_{m>0} b_m y^m$, 我们应该有 $x \equiv \sum_{m>0} b_m [\sum_{n>0} a_n x^n]^m$. 整理右方, 并令双方同类项系数相等, 就可以由已知的 a_n 求出未知的 b_m. 以上, $m > 0$, $n > 0$ 的限制很重要. 否则就会遇到无法回避的收敛性问题, 而牛顿、莱布尼茨等人当时都无法解决. 利用这样的方法以及

$$\arcsin x = \int_0^x \frac{\mathrm{d}x}{\sqrt{1-x^2}},$$

牛顿得到了如下的结果:

$$y = \arcsin x = x + \frac{x^3}{6} + \frac{3x^5}{40} + \frac{5x^7}{112} + \cdots,$$

$$\sin y = \sin(\arcsin x) = \sin(x + \frac{x^3}{6} + \frac{3x^5}{40} + \frac{5x^7}{112} + \cdots),$$

所以

$$x = \sin y = \sin(x + \frac{x^3}{6} + \frac{3x^5}{40} + \frac{5x^7}{112} + \cdots).$$

有了如此有力的方法, 牛顿甚至能计算以下类型函数的积分(读者们是否愿意自己也来试一下?)

$$\frac{x^{mn-1}}{a + bx^n + cx^{2n}},$$

$$\frac{x^{(m+1/2)n-1}}{a + bx^n + cx^{2n}},$$

$$x^{mn-1}(a + bx^n + cx^{2n})^{\pm 1/2},$$

$$x^{mn-1}(a+bx^n)^{\pm 1/2}(c+\mathrm{d}x^n)^{-1},$$

$$x^{mn-n-1}(a+bx^n)(c+\mathrm{d}x^n)^{-1/2}.$$

对于牛顿, 无穷级数不只用于求积分, 求反函数, 而且是他求解各类方程(代数方程, 超越方程, 差分方程乃至微分方程)的基本方法. 牛顿还不只使用整数幂的级数, 分数幂的级数也在他考虑之列. 牛顿在这方面的遗产很值得我们认真汲取.

至此, 微积分在牛顿和莱布尼茨的手上, 不但有了比较完备的理论, 而且有了比较系统的处理方法了. 所以我们有理由认定牛顿和莱布尼茨就是微积分的创立者. 现在, 我们可以立马可待地等着看微积分在研究现实世界中的威力了. 但是, 在转到对于太阳系的研究之前, 还有一个小插曲, 同时还要讲一个重要问题.

数苑漫游(二)

牛 顿 与 π

获得精确的数据在天文学物理学中的重要性, 在第谷·布拉厄和开普勒的工作中已经十分明显. 它对于牛顿的重要性, 还更有过之. 在牛顿的许多研究工作中, 对数据准确性的分析占了突出的位置. 因此, 近似计算也就受到牛顿很大的重视. 由于篇幅限制, 本书不多讲牛顿在这方面的贡献. 下面的例子只是为了说明, 微积分的出现为近似计算提供了极大的新空间. 至于 π 的计算本身, 从公元前三四世纪, 在包括我国在内的各个民族中, 都曾经是突出的问题. 各个民族所采用的方法, 基本上也都是割圆术, 区别主要在于细节与计算的精度. 倒是古希腊的穷竭法逐步演变成了积分学的前驱. 但是在有了微积分以后, 也就不必把它当作了不起的大事多费笔墨. 下面这个小插曲, 也只是作为牛顿的天才的一个小小例证.

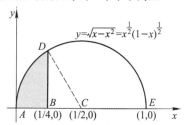

图 16　牛顿怎样计算 π

以 $(1/2, 0)$ 为圆心, $1/2$ 为半径, 作上半圆, 其方程为

$$y = \sqrt{x(1-x)}.$$

我们来计算这个半圆的面积. 其实, 上面讲到的那些函数的积分, 就已经包含了 $\int_0^1 \sqrt{x(1-x)}\,dx =$ 这个半圆的面积. 但是牛顿的天才表现在, 他仅取其半圆的 $\dfrac{1}{3}$, 而得到张角为 $\pi/3$ 的扇形 ACD. 很容易看到, 它的面积应该是 $\dfrac{1}{6} \times$ 圆面积, 即

$$\frac{\pi}{6} \cdot \left(\frac{1}{2}\right)^2 = \frac{\pi}{24}.$$

牛顿进一步把扇形分成两部分: 一是 $\triangle CBD$, 一是半个弓形 ABD. $\triangle CBD$ 是直角三角形, 底长为 $\dfrac{1}{4}$, 高为 $CD \cdot \sin \dfrac{\pi}{3} = \dfrac{\sqrt{3}}{4}$, 所以面积为 $\dfrac{\sqrt{3}}{32}$.

半弓形 ABD 的面积则是积分 $\displaystyle\int_0^{1/4}\sqrt{x(1-x)}\,\mathrm{d}x$.

这个积分很容易用二项级数计算. 事实上,

$$
\begin{aligned}
\sqrt{x(1-x)} &= x^{1/2}(1-x)^{1/2}\\
&= x^{1/2}(1-\frac{1}{2}x-\frac{1}{8}x^2-\frac{1}{16}x^3\\
&\quad -\frac{5}{128}x^4-\frac{7}{256}x^5-\cdots\\
&= x^{1/2}-\frac{1}{2}x^{3/2}-\frac{1}{8}x^{5/2}-\frac{1}{16}x^{7/2}\\
&\quad -\frac{5}{128}x^{9/2}-\frac{7}{256}x^{11/2}-\cdots.
\end{aligned}
$$

逐项求积分后就有

$$
\begin{aligned}
&= \left[\frac{2}{3}x^{3/2}-\frac{1}{5}x^{5/2}-\frac{1}{28}x^{7/2}-\frac{1}{72}x^{9/2}\right.\\
&\quad \left.\left. -\frac{5}{704}x^{11/2}-\cdots\right]\right|_{x=\frac{1}{4}}\\
&= \frac{1}{12}-\frac{1}{160}-\frac{1}{3584}-\frac{1}{36864}-\frac{5}{1441792}-\cdots\\
&\quad -\frac{429}{163208757248}-\cdots\\
&\approx 0.07677310678\,.
\end{aligned}
$$

但是

半个弓形 ABD 的面积 = 扇形面积 $-\triangle CBD$ 面积,

所以,

$$
0.07677310678 \approx \frac{\pi}{24}-\frac{\sqrt{3}}{32},
$$

于是

$$
\pi \approx 3.141582668\cdots.
$$

这个结果准到小数后第 5 位. 以上全引自牛顿的著作. 牛顿的天才表现在, 他选取了一个特别易于处理的扇形, 其顶角恰好是 $\pi/3$. 使得一方面 $\triangle CBD$ 的面积很好算, 另一方面在求半弓

形 ABD 的面积时, 积分上限为1/4又足够小, 所以在作逐项积分时, 只需取很少几项(9项)就可以保证足够的精度. 用我们现在的语言来说, 二项级数收敛得不快, 如果积分限取得太大, 就需要取很多项. 凡是要做计算, 就必须考虑收敛速度问题. 牛顿虽然没有使用我们的语言, 但他对这一点考虑很深. 他在这方面的贡献, 直到今天, 意义不减.

读者都会看到, 用积分求 π 的近似值与割圆术其实是相通的:二者都是用多边形逼近圆. 前者使用 n 个矩形面积之和, 后者使用正 n 边形面积. 虽然正 n 边形是人们熟知的, 形状美观, 公式也漂亮. 但是除非 n 是很特殊的数, 正 n 边形的边长和面积都很难计算. 积分则完全不同. 所以牛顿的作法比之两千年前的希腊几何自是极大的进步. 但是计算 π 的便捷对于牛顿的全部贡献只能说是微不足道.

微积分的严格性问题

关于牛顿和莱布尼茨的微积分, 人们一直注意到他们并不严格. 严格地论证微积分的基本概念和方法, 成为一项重要任务. 牛顿去世不久后的 1734 年, 爱尔兰哲学家、克罗因 (Cloyne) 地方的主教贝克莱 (George Berkeley, 1685—1753), 就发表了一篇著名的著作《分析学家, 或致一位不信神的数学家》[1]

---

[1] *The Analyst, or a Discourse Addressed to an Infidel Mathematician*, 这里的 "不信神的数学家" 指哈雷 (Edmond Halley, 1656—1742, 英国天文学家, 牛顿的重要合作者, 哈雷彗星就以他命名).

(以下简称《分析学家》), 对微积分的基础提出了真正击中要害的批评.

我们在前面提到"拆台"与"补台"的问题. 对于才问世的微积分也存在"拆台"与"补台"的问题. 贝克莱一书就是"拆台"之作. 写这本书的目的是为宗教辩护. 书的扉页上印了引自《圣经》的一段话, 大意是: 你要拔掉你兄弟眼中的刺, 就应该先看一下自己的眼睛. 其实你自己的眼睛里有一根大木头. 意思是说, 如哈雷这样的人批评宗教是如何不讲道理, 是迷信. 其实, 你们自己的微积分才真正问题成堆. 尽管贝克莱这本书"立场鲜明", 但是不可因人废言: 它是真正击中了要害. 他紧紧扣住的问题就是: 什么是无穷小? 应不应该许可略去高阶无穷小. 所以贝克莱在书中指出: 我所非议的不是您的结论, 而是您的逻辑和方法: 您是怎样进行证明的? 您所熟悉的对象是什么? 关于它们, 您的表述是否清楚? 您依据的原理是什么? 它们是否可靠? 您又是如何应用它们的? 问题的核心在于什么是无穷小量? 这一点不说清楚, 则略去高阶无穷小量就无从谈起了. 所谓微分、瞬、流数、最初比和最末比, 还有所谓高阶微分等全都会崩溃了. 牛顿自己是理解这一点的. 他对微分学换了好几种讲法, 难道不是表现了他的苦恼吗? 我们在上面对于求 x^α 的导数, 特地采用了牛顿自己的记号和方法就是想要表现出这一点. 当时, 牛顿以为自己已经摆脱了略去高阶无穷小量这个命题带来的尴尬, 所以牛顿在发表这个结果的文章里一开始就理直气壮地说：在数学中，哪怕是最小的误差，也是不许可的．但是事与愿违．试看他的$(x+o)^\alpha - x^\alpha$，他把各项中的o都提出来消去(就是用o去除)，那么，$o \neq 0$了，因为0是不能作分母的．消去以后牛顿又令o为0，得出了$\dfrac{\mathrm{d}x^\alpha}{\mathrm{d}x} = \alpha x^{\alpha-1}$．这样做在逻辑上明显是不许可的．贝克莱说，你们说自己是讲逻辑的，但是神学中就不许可有这样的矛盾：一方面规定了$o \neq 0$，才能用o作分母；另一方面，还没有过河就拆桥，又令$o = 0$．所以牛顿有时讲一些很"玄学"的话，说o就是什么方生(nascent)的量，什么正在消逝的(evanescent)量，其实表现了他的无奈．所以贝克莱挖苦他说这些玩意儿是"消逝的量的鬼魂"．他还说你们数学家不但相信这一些，还有更无法理解的高阶微分等等，那么你们为什么不能相信上帝呢？其实古希腊的数学就已经充分理解无穷小量带来的困难．在《几何原本》里就已提出所谓阿基米德公理：对于任意正数a和b，必可找到正整数n，使得$nb > a$．如果真有无穷小量而且是一个正数，设它就是上述的b．再取$a = 1$，则必可找到正整数n，使得$nb > 1$，也就是说无穷小量$b > 1/n$．这当然是不可能的．同理，无穷小量也不可能是负数．穷竭法的提出就是为了克服这个困难．例如当证明正多边形的面积A_n能任意接近圆面积πr^2时，希腊人使用反证法：设A_n不能任意接近πr^2，就会发生如何如何的矛盾. 使用反证法, 正是穷竭法的要点. 后来到了中世纪, 人们又放弃穷竭法, 主要地自然是因为无穷小量这个想法, 非常直观, 用起来很自然, 在哲学上又有深刻的背景, 所以不愿意放弃它. 同时也是因为, 穷竭法及其中使用的反证法, 又成了新的框框, 颇为麻烦. 在这一点上, 牛顿和莱布尼茨其实是与中世纪一致的.

但是为了数学的发展, 微积分这个"台"还是要补起来. 这一个过程花了两个世纪. 在这两个世纪里, 科学一直在前进. 一位 18 世纪的大数学家达朗贝尔说: 前进吧, 你就会有信心, 意思是说: 微积分在飞速前进, 占领了一块又一块的领地, 至于其基础, 我们应该有信心, 迟早会补起来的. 牛顿的几何方法人们已经不满足了. 欧拉就主张要用分析的方法. 他说, 例如对于力学问题, 几何方法至多也只能给出不完全的解答. 另一位 18 世纪的大数学家拉格朗日, 写了一本《分析力学》. 他引以为豪的是, 在这新书里一个几何图形也没有. 这种"非几何化"的努力, 到拉普拉斯的《天体力学》可以说达到了高潮.

牛顿的几何物理直观的方法似乎逐步让位于分析方法了. 至于贝克莱, 尽管他在指出牛顿的微积分的深刻矛盾上是立了大功, 不应该否定, 但是他所钟情的上帝, 命运并不更好. 在牛顿的时代, 在多数人心目中, 无神论至少是一种邪恶的思想. 但是也是在那个时代, 无神论越来越有力. 许多哲学家公开打起无神论的旗帜. 所以到了拉普拉斯(Pierre-

Simon Laplace, 1749—1827, 伟大的法国数学家)就公然跟上帝叫板了. 有一个人们熟知的故事, 这里不妨比较详细地介绍:

拿破仑: 您关于世界体系写了这么大一部书[①], 为什么一次也不提宇宙的创造者?

拉普拉斯: 陛下, 我不需要那个假设.

看来, 上帝原来也不是无所不能的"主", 如果我有什么问题说不清楚了, 就会把您当作一个挡箭牌(即假设)搬出来. 后来拉格朗日听到拿破仑讲这件事时, 又加了如下的评论: 啊, 那是一个很妙的假设. 它说明了那么多事情. 请看, 上帝成了一个招之即来、挥之即去的"假设"!

然而, 微积分的基础并未确立. 这些年来, 我国有不少人喜欢讲"一尺之棰", 以为庄子已经有了极限的"思想"(首先, 这句话并不是庄子说的, 而是庄子在他的著作《天下篇》提到的惠施——庄子的朋友——的那一派人, 即所谓"辩者"们——说的). 许多人以它与古希腊的芝诺相提并论. 其实不但芝诺比庄子早, 而且芝诺的悖论后来在西方哲学中有许多响应与发展. 惠施的"一尺之棰"似乎一直被中国人轻视, 连庄子也说他胡搅蛮缠(请读《天下篇》原文), 更不说后世了. 更多的人喜欢引用刘徽的名言: "割之弥细, 所失弥少. 割之又割, 以至于不可割, 则与圆周合体而无所失矣"(在刘徽的《九章算术注》

---

① 指《天体力学》(*Mécanique Céleste.*), 这部大书共5卷, 写了26年才完成: 1799—1825. 这部书十分重要, 因为它, 才把牛顿的《原理》从以几何为基础转变为以微积分为基础.

中还有一两处讲了这样的话). 其实, 贝克莱批评微积分的话都可以移到这里来质询刘徽: "以至于不可割", 什么叫"不可割"? 它是不是0? "合体而无所失", 是真正"重合"了, 还是用极限的语言说是"趋于0"? 那么, 什么是"趋于0"? 是不是就是牛顿的最终比之类? 祖暅原理: "幂势既同, 则积不容异", 他证明了吗? 许多人说这些成就比西方早了千年以上, 所以是"千年绝唱". 那么, 为什么要"绝"了一千多年, 等到微积分随着鸦片战争的炮声进入了中国以后, 有觉悟的中国人才又"唱"了起来? 作者在这里不想议论什么中国文化与西方文化的比较. 只要看一下自刘徽以后中国人考虑过哪些与微积分有关的数学或科学问题就明白了. 阿基米德用穷竭法计算抛物线图形的面积: 中世纪就有不少关于重心等静力学、水力学问题. 中国人呢? 当康熙皇帝请西洋传教士教他读几何的时候, 牛顿正在写微积分. 至于他的子孙, 康乾盛世的雍正和乾隆对数学就完全不懂. 这可是乾隆自己承认的. 据说他还问过纪晓岚懂不懂数学. 但是中国皇帝们都喜欢西洋的钟表, 红楼梦里的自鸣钟吓了刘姥姥一大跳, 故宫至今还有钟表馆, 乾隆皇帝在宫中设立制作坊, 仿造洋表, 可以乱真, 可谓明目张胆地"侵犯知识产权". 可是中国人什么时候才想到应该研究伽利略和惠更斯? 可见问题在于整个社会的停滞, 生产力得不到发展, 自然束缚了人们的眼界.

建立微积分基础的工作绝非只出于哲学上的爱好. 举一个例子, 大家都知道柯西在 $\varepsilon - \delta$ 语言上的贡献. 可是很少人知道柯西犯过一个大错: "若$S_n(x)$连续, 则$\lim\limits_{n \to \infty} S_n(x) = S(x)$也连续. "柯西是依据莱布尼茨的"连续性原理"来"证明"这个命题的. 莱布尼茨讲的不是数学的连续性, 而是一个哲学原理, 用莱布尼茨本人的话说就是"大自然不知道跳跃". 在柯西看来, $S_1(x), S_2(x), \cdots, S_n(x), \cdots$好比大自然在演化. 如果它们都是连续的, 而"大自然又不知道跳跃", 所以极限$S(x)$也连续. 可是哲学的议论代替不了数学的分析. 后来, 由于阿贝尔以及许多数学家的努力, 才知道还有"一致收敛性"一说. 微积分的发展这才走上了正确的轨道.

微积分基础的研究是很具体的数学工作. 这个工作尘埃落定可以归结到维尔斯特拉斯的贡献. 从近年在档案中找到的他在柏林讲课的记录看, 他是这样来处理$f(x)$在x_0处的微分的: 考虑

$$\Delta f = f(x_0 + h) - f(x_0)$$

把它分成两部分. 一部分是h的线性函数Ah (A是某个数), 另一部分是余项r:

$$\Delta f = Ah + r \text{ 或 } f(x_0 + h) = f(x_0) + Ah + r$$

维尔斯特拉斯称Ah为$f(x)$在x_0处的微分, 记作$\mathrm{d}f(x_0)$. 这样一来, 他的着眼点是: $\mathrm{d}f(x_0)$对于h是线性函数, 而根本不提是不是无穷小的问题. 至于r则有

$$\lim_{h \to 0} r/h = 0.$$

如果$h \to 0$, $\mathrm{d}f(x_0)$也趋于0, 所以说$\mathrm{d}f(x_0)$这时也是无穷小. 对于r根本不存在是否把它略去的问

题. 只不过当 $h \to 0$ 时, 它对这个基础无穷小确实是高阶的. 所以根本不存在略去了什么不该略去的东西的问题, 而只是作了一个分解. 所以贝克莱没有什么可以反对的. 这样分解有什么好处? 关键在于 $\mathrm{d}f(x_0) = Ah$ 对 h 是线性的. "线性" 是一个非常有用的性质. 利用这一点, 例如可以得到乘积导数公式、复合函数的链法则、反函数的导数公式, 等等. 这些均与 $\mathrm{d}f(x_0)$ 是不是无穷小无关. 如果说有关, 那也只是: 余项 r 趋于 0 比 h 还快, 这一点并不因乘积公式、链法则等而有改变. 从几何上说, A 是切线斜率. 如果令 $y = f(x) = f(x_0 + h)$, 则线性部分对于 h 是一直线:

$$y = f(x_0) + Ah.$$

我们不妨以一个很直观的方式来介绍维尔斯特拉斯的思想: 他用一套显微镜头在 x_0 附近观察曲线 $y = f(x)$. 他先用第一个镜头 (设其分辨率可以让我们看见 h) 来看, 于是看见了一条直线

$$y = f(x_0) + Ah.$$

这里当然有一些没有看见的东西 r, 但是如果换一个分辨率更高而可以看见 h^2 的镜头, 他就看见了

$$y = f(x_0) + Ah + \frac{1}{2!}Bh^2 \qquad (B = f''(x_0)).$$

再换一个可以看见 h^3 的镜头. 他又看见

$$y = f(x_0) + Ah + \frac{1}{2!}Bh^2 + \frac{1}{3!}Ch^3 \qquad (C = f'''(x_0)).$$

如此以往. 他看见的东西现在称为 $f(x)$ 在 x_0 点的 "节" (jet). 是不是"看到底"了? 没有, 总有一点余项, 例如 r_3, 用 h^3 的镜头也看不清是什么, 所以

$$\lim_{h\to 0} r_3/h^3 = 0.$$

这样做有什么好处? 用第一个镜头, 可以看见切线、法线, 总之是上面说的"一阶问题". 用第二个镜头可以看见曲率等"二阶问题". 那么 $\varepsilon-\delta$ 到哪里去了? 只有在对 $\lim_{h\to 0} r/h = 0$ 之类关系的解释上才用得着. 而我们再也不必去争什么"方生"的量, "未死"的量, "最初比与最终比""消逝的量的鬼魂"是什么? 也不必问, 是写 dx 好, 还是写 $\Delta x, h, E, o \cdots$ 好? 我们再一次把注意力投入重大的、新的数学和科学问题上去了.

总之, 研究微积分的目的是为了解决问题. 18世纪以后微积分在各个领域中的飞速进步与这样一种分解的思考方式大有关系. 这对我们"教"和"学"微积分, 特别是"用"微积分大有关系. $\varepsilon-\delta$ 是必须要懂的. 但是在一个具体问题中, 如果我们已经确认了它是一阶问题, 你说 df 是无穷小也好, 说 $df = \Delta f$ 也好, 别人说你忽略了高阶无穷小, 犯了贝克莱的大忌也好. 你都可以回答说: 我并没有忽略什么, 只不过现在用不着, 我把它分解开来放在一边了. 我们下面讨论行星轨道是椭圆时就要用到这样的方法. 你不能说它不严格(一定要说也可以, 反正是正确地解决了问题). 关键在于一定要弄清它确是一阶问题. 在这个问题上绝不能马虎, 否则连柯西这样的大师也

会犯错误. 因此 $\varepsilon - \delta$ 的训练是不可少的. 为什么 $\varepsilon - \delta$ 对非数学专业要求不必那么高? 因为一般说来他们不会遇到这样的问题.

这样说来岂不是太为难学生们了? 需知例如函数极值之类的问题, 原来要费马这样的大师才会. 可是现在大学一年级学生, 甚至高中生也会. 因为现代的青年人很幸运, 他们站在巨人的肩膀上. 巨人们的"台"已经由几百年来一大批大师们补好了. 现在青年人的任务是要正确领会大师们补台的辛苦, 继续前进. 可是不要以为微积分基础问题就已经一劳永逸地完全解决了. 特别是现在以极限理论作为理论基础, 问题确实说清楚了. 但是等到柯西, 特别是维尔斯特拉斯, 实行了完全算术化以后, 一方面看来, 把所有的几何直观甚至运动的直观概念都消除了, 另一方面, 通过集合论又引入了更深刻的矛盾. 看来数学的发展确实也是通过不同学派的无穷的争论而前进的, 不会有最终的解决. 现在有人又提出"回到牛顿"的口号, 看来几何和物理的直观是不能否定的. 无穷小量这个想法, 非常直观, 用起来很自如, 也是不能否定的. 我们都很喜欢"微元法", 我们也很喜欢有限元, 难道就说它们都是有限量, 不是无穷小量, 甚至说这些方法只不过是便宜之计, 是方便的说法, 就能解释这些概念和方法的力量吗? 难道从这里不是能看见无穷小量的身影吗?

总之我们应该有历史的观点, 例如我们不应该否定贝克莱. 他对当时微积分基础的批评是真正击中了要害. 他的功绩就是比较准确、比较深刻地说明了这个"台"有大毛病,必须要补.他是确诊了病情而开不出药方的医生.整个18世纪,包括欧拉、拉格朗日、达朗贝尔,他们都是站在其他巨人肩上的巨人,各自作出了时代要求于他们的贡献,但也都没有开出药方.直到19世纪后期,才由柯西、特别是维尔斯特拉斯解决了问题.牛顿和莱布尼茨的微积分,只能达到当时所需要和所容许的严格程度.后来科学的发展要求更高程度的严格性,如果跟不上,科学就难以进展.所以遇到更复杂的问题,牛顿也会犯错误.正如当年伽利略在摆的等时性上就会搞错一样.后来微积分的严格化的功绩,几百年来科学的进步,是最好的证明.所以我们还是应该以"欲穷千里目,更上一层楼"来勉励自己.

四、万有引力的发现与证明

牛顿怎样发现了万有引力定律？"是苹果引起的灵感". 如果一个小学生这样说, 我们就会称赞他. 但是如果我们也这样说, 高斯就会大发雷霆了. 据说当年高斯确实对人大发脾气, 说这是讲给白痴听的故事. 因为只有白痴才会相信: 一点灵感就会带来如此伟大的贡献. 我们不知道高斯是对谁发了脾气, 正如我们不知牛顿究竟吃了苹果没有一样. 很清楚的是, 在牛顿的时代, 太阳对于各个行星有引力, 地球对于月亮有引力, 似乎人人都明白了. 开普勒发现了他的三个定律, 怎样才能解释呢?如果说开普勒研究的是天上的事情, 伽利略研究的落体运动则是地上的事情. 显然, 地球对于下落的苹果也是有引力的. 那么, 地球对于月亮的引力和它对于苹果的引力, 是否是一回事呢?这就是牛顿对自己提出的问题. 用他自己的话来说就是: 地球对于地上物体的力, 可否延伸到月亮?这是他在 1665 年在乡下躲避瘟疫时考虑的问题之一.

但是考虑这个问题的远不止牛顿一人, 哈雷、雷恩①，还有牛顿的老对头胡克，实际上都独立地达到或者接近了平方反比律.

数苑漫游(三)

苹果和月亮

牛顿和他的苹果可能是科学史上最著名的故事了. 但是谁也无法弄清故事的出处. 很可能故事来自牛顿的外甥女婿康杜伊特(John Conduitt, 1688—1737)，牛顿晚年主要的助手，任职于造币厂. 他档案里保存了不少牛顿的信件以及他对康杜伊特谈话的记录(有人说牛顿在 4 个情况下讲过这个故事). 我们还是来看一下牛顿对于自己能够作出大发现的原因的解释吧. 牛顿说:

"如果我曾经作出了有价值的发现，这更多地依赖于我的有耐心的专注，而不是靠的其他的才能."

"我总是把我探索的主题，长久地放在心里，直到出现第一缕曙光，逐渐地变为完全的清晰的一片光明."

有一点似乎是很清楚的.牛顿是在考虑，地球对于月亮的引力以及地球对地上的物体(包括苹果)的引力是否是一回事. 就是说，地球引力的作

---

① Christopher Wren, 1632—1723. 他是一个出色的天文学家，很早就独立地也有了平方反比律的思想. 牛顿极少称赞人，也把他与惠更斯并列. 但是，雷恩主要是以伟大建筑师而留名于世. 伦敦圣保罗大教堂的新建筑就是他设计的，他也是皇家学会创始人之一.

用范围, 可否一直适用到月亮. 为此, 我们不妨假设平方反比律适用于地上的物体, 即

$$F = GM_E m/r^2.$$

上式中, F 是引力大小(没有考虑方向), G 是引力常数, M_E, m 分别是地球和被吸引物体的质量, r 则是地心到物体(看成两个质点)的距离. 我们用它来计算一下月亮的运行数据, 看是否与观测相符. 如果要把它用于月亮, 则需要知道月地距离. 牛顿在此参考了从古希腊到伽利略所使用的数据. 最早的结果可以归于阿里斯塔克斯(Aristarchus, 约公元前270年, 我们在上一本书中介绍日心说历史时提到过他). 他通过对日食的研究, 认为月地距离 $\approx$ 60 个地球半径 (6 371 km). 稍后的希巴谷 (Hiparchus) 用公元前128年的一次日食的数据, 得到月地距离 $\approx$ 62 $\sim$ 73个地球半径. 现代的研究认为, 取为60个地球半径较为合适. GM_E 并不需要直接测定. 因为对于地球表面上的质量为 m 的物体, 我们一方面有引力值 mg, $g \approx 9.81 \mathrm{m/s^2}$, 另一方面又有 $F = GM_E m/r^2$, 所以 $GM_E/r^2 = g$, r 为地球半径, 以下记为 R_E. 这样我们就得到, 地球对月亮中心那么远的地方的引力为 $mg/3\,600$. 为什么呢? 因为月亮到地球 (二者均视为质点) 的距离为 $60R_E$ (R_E 是地球半径), 所以按照平方反比律, 地球对于月亮的引力应为

$$F = GM_E m/(60R_E)^2 = GM_E m/3\,600R_E^2$$

(这里, m 是月亮的质量). 但是上面已经说了, $GM_E/R_E^2 = g \approx 9.81 \mathrm{m/s^2}$ 是已知的, 所以得到

地球对月亮的引力为 $mg/3600$. 余下的只有 m 是月亮的质量, 现在还是不知道的, 但是, 这并无关系, 因为我们还有一个重要的关系可以使用.

如果就是这个引力在起作用, 月亮就会掉到地球上来了. 问题在于, 当地球拉着月亮而月亮在旋转时, 地球的引力是一个向心力. 月亮自己有沿着切线做匀速运动的惯性. 对于绕地球做匀速旋转的参考系, 这种惯性表现为离心力, 其大小为 mv^2/r, r 为月地距离, $r = 60R_E$, v 是月亮的线速度. 于是, 在以地球为中心的旋转参考系中, 作用于月亮的有两个力, 即地球引力与上述惯性力(我们通常称为离心力), 二者应该平衡. 所以

$$\frac{mg}{3\,600} = \frac{mv^2}{60R_E}\,. \qquad (*)$$

现在麻烦的是, 月亮在轨道上旋转(我们暂时假设为匀速旋转)的线速度 v 还不知道. 但是这已经很容易了. 因为对于月亮, 有一个人人都看得见的数据: 周期. 但是我们要注意, 这个周期, 即一个月, 要化成秒来计算. 一个月 $=27.153$ 日 $=27.153 \times 86\,400$ s. 我们现在记之为 T. 在一个周期内, 月亮作为一个质点, 走了一周, 其长度是 $2\pi r = 120\pi R_E$, 所以 $v^2 = (120\pi R_E/T)^2$. 代入 $(*)$ 式, 有

$$\frac{mg}{3\,600} = \frac{m120^2\pi^2 R_E^2}{T^2 60R_E}\,.$$

化简得

$$\frac{\pi^2 R_E}{T^2} = \frac{g}{864\,000}\,.$$

即

$$T^2 = 864\,000\pi^2 R_E/g\,.$$

再把 $R_E = 6\ 371\ 000$ m, $g \approx 9.81$ m/s², $\pi^2 \approx 9.87$ 代入, 即得 $T \approx 27.3217$ 日, 而与一个月＝27.153日非常接近.

牛顿自己说. 他把地球对月亮的引力与地球对苹果的引力加以比较, 发现二者非常接近(这几个字是牛顿的话). 所以, 适用于地球表面上的引力定律可以一直应用到月亮. 万有引力的万有(universal)二字如何解释?就是它适用于整个宇宙. 因此, 一旦这个结论得到证实, 将是一项极为伟大的发现. 看来我们上面的讲法应该非常接近牛顿当年自己的研究. 当然, 这是在假设了平方反比律的条件以后才能得到的结论. 那么, 平方反比律究竟对不对呢?

故事还得回到胡克. 他和牛顿关于光学的架吵完了, 就在1679年11月24日给牛顿写了一封和解的信. 胡克建议牛顿把自己正在考虑的问题说出来, 以便共同研究. 同样, 胡克也通报了欧洲大陆上近来关于行星系统的新研究成果, 也告诉了牛顿自己关于引力的猜测. 对这一封和解的信, 牛顿倒是很积极:4天以后(11月28日)就回信了. 在信中牛顿还没有提出平方反比律, 而是再一次提出了伽利略的自由落体问题. 牛顿在研究行星轨道问题时, 伽利略的自由落体理论是一个重要的参照. 许多人指出牛顿的理论可以说是伽利略的自由落体理论的推广. 实际上, 如果让牛顿的轨道椭圆的一个焦点趋向无穷远处, 椭圆就会变成伽利略的自由落体轨道抛物线. 我们在本书第一册里面说过, 从伽利略的自由落体

问题到牛顿的万有引力并不那么简单.一方面就是指如何处理这里的极限问题,更重要的是关于匀速运动的问题如下:

1679年12月4日,胡克把牛顿这封信在皇家学会的例会上宣读了,引起了热烈的讨论. 说句不客气的话,所有这些议论都没有说到点子上. 问题在于,这个"自由"的落体,并不是在一个惯性系中简单地受地球引力的作用,而是在一个匀速旋转(假设是匀速的)的参考系中运动,这时会出现很复杂的惯性力.从今天看来,如果不以欧拉和拉格朗日关于刚体的力学为基础,或者不懂得向量,是说不清这个问题的. 不管牛顿和胡克(胡克似乎知道一点这方面的问题)有多大天才,看来也是不行的. 这里并不涉及论证是否严格的问题,而是说,数学发展有它本身的规律,时候不到,数学没有发展到相应的程度,许多问题是提不出来的.

胡克和牛顿都特别提到物体在地球内部如何运动. 这不是一个单纯好玩的问题. 胡克后来在给牛顿的一封信(1680年1月6日)里指出,这时,物体将如同受到弹簧的力一样. 总之,物体在地球外服从平方反比律,在地球内则服从弹簧力的定律;不论是哪种情况,运动轨道都是椭圆那样的曲线. 胡克不仅在理论上提出这个结论,而且自己做实验:他不仅在户外,而且在一个大教堂里,让一个物体从9米高处自由下落,发现落点果然向东偏移. 胡克还报告了哈雷在圣·赫伦娜岛(St. Helena, 后来拿破仑的流放地)上自己做实验的结果:在山顶上引力会小于山脚下的

引力. 当然, 又爆发了一场新的"知识产权"大战, 主题是: 谁先发现了平方反比律? 现在我们明白了的事情就是:

• 许多人都知道应该有平方反比律成立, 但是都没有从数学上加以证明. 胡克自知没这个本事, 他建议牛顿来做这件事. 哈雷也做不了这件事, 就力促牛顿把证明拿出来.

• 牛顿已经知道了. 天上地下, 同为一理. 天上的事, 开普勒讲明白了, 地上的事, 伽利略讲明白了. 既然引力号称万有, 就应该能用平方反比律说明这一切. 伽利略的自由落体理论对牛顿有特别重要的意义.

• 引力定律可以是多种多样的. 除了平方反比律外, 还有例如弹簧的定律. 它们之间有什么关系呢? 最令人想不到的, 正是这样一个问题, 到20世纪初得到了一个解答, 而再过将近一个世纪即在前几年给出了万有引力定律一个完全出人意料的初等证明.

牛顿回答了这些问题, 写出了《自然哲学之数学原理》(*Mathematical Principles of Natural Philosophy*, 1687)这部名著(以下简称《原理》). 它的核心就是平方反比律. 我们不打算介绍全书. 因为它太晦涩了, 现在专门讲如何用初等方法证明平方反比律. 我们主要是按照前面提到的V. I. Arnold的书和《费曼佚稿》, 把它们简化一下来讲解.

所以现在我们的主题就是如何从开普勒三定律导出平方反比律. 开普勒三定律是唯象定律, 牛顿的平方反比律则说明了其深层的原因.

我们从开普勒第二定律开始. 大家都很清楚, 太阳(A)对行星的引力应该是指向太阳的, 太阳与行星在相继时刻(每个时间段均设为相等)的位置之连线AB, AC, AF 即是行星在各个时刻的动径. 开普勒第二定律指出, 各个动径在相同时段中扫过的面积相同(命题1, 这里和以下命题和引理的编号都来自《原理》一书). 所以, 我们求证的其实是以下这些无穷小三角形面积相同(我们讨论的实际上是无穷小时间段dt). 现在考虑两个时间段. 在第一个时间段里, 行星从B走到C, 这一时间段里我们没有考虑引力的作用, 而把引力的作用放在第二个时间段里, 所以在第二个时间段里行星有两个分位移, 图17.

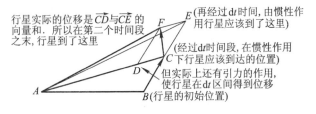

行星实际的位移是$\vec{CD}$与$\vec{CE}$的向量和. 所以在第二个时间段之末, 行星到了这里

E(再经过dt时间, 由惯性作用行星应该到了这里)

(经过dt时间段, 在惯性作用C下行星应该到达的位置)

但实际上还有引力的作用, 使行星在dt区间得到位移
B(行星的初始位置)

图 17 《原理》中关于开普勒第二定律的证明要点

现在我们的工作就是"看图识字"了. 请注意, 上面我们说了微分学的基本思想是可以略去高阶无穷小量, 则在计算中, 我们就总略去高阶无穷小量. 牛顿的论证依据了他的第一定律以及向量(例如位移和力)的独立性. (这二者其实都是伽利略的贡献, 我们在前书里都讲过.)令动径的起始位置为 AB , 即设行星的起始位置在 B. 在第一个时段(设时段之

长用 $\Delta t = dt$ 表示)之末, 它到达了 C 点. 如果没有外力作用, 按牛顿的第一定律, 行星将在第二个时间段里, 依照惯性运动沿直线 BC 延线运动到 E , 而且 $BC = CE$. 由初等几何的知识知道, 就面积而言, $\triangle ABC = \triangle ACE$. 但是, 在这个时间段里, 还有引力(这是一个向心力)在起作用. 牛顿于此作了一个基本的假设:把引力看成脉冲式地起作用. 在这一个时间段里, 总有同样大小的一个力沿 AC 方向作用于行星, 使在这个时间段之末, 行星得到一个 AC 方向的位移 EF. 由于各个方向的位移是互相独立的, 所以行星的总位移应为 CF. 这里 $CD \parallel EF$, 且长度相同. 我们也很容易证明 $\triangle ACE$ 的面积 $= \triangle ACF$ 的面积, 因为这两个三角形同底同高. 所以 $\triangle ABC$ 的面积 $= \triangle ACF$ 的面积. 这样看来, 这些无穷小扇形的面积除了相差一个可以略去的高阶无穷小量以外, 在行星运行过程中总是相同的. 以上证明了: 在有心力的作用下, 扇形面积不变. 但是我们想要证明的是: 如果扇形面积不变, 则引力一定是有心力. 这就是牛顿的命题 2. 牛顿对此的论证大体如下:如果引力不是向着太阳, 那么, 在第二个时间段里, 仍然假设此力大小方向均不变, 它就不会指向 A. 因此由它产生的位移 $EF \nparallel AC$.所以 $\triangle ABC$ 的面积 $\neq \triangle ACF$ 的面积. 这与扇形面积不变的假设矛盾. 这个证明是整个讨论过程中最简单的一个, 但又是起关键作用的一个. 不妨说, 它是牛顿方法的第一块基石.

数苑漫游(四)

用一点向量

上面的讲法读者一定会感到太不严格,因此读者们理所当然地放心不下. 确实如此. 因为我们说是可以略去高阶无穷小量,但是怎样知道被略去的确实是高阶无穷小量呢?方法是:应用已经建立起来的微分学. 因为微分学既然是以略去高阶无穷小量为基础的,应用微分学的结果自然包括了自动地略去应该略去的高阶无穷小量. 这样,我们就看见了问题有两个方面: 首先,微分学的基本思想是略去高阶无穷小. 其次,在这个基础上建立微分学理论,它完全严格地自动完成略去该略去的,保留该保留的. 我们只要按微分学的规矩办事,就不必为此再去担心. 不妨把微分学的那些公式都看成略去高阶无穷小的具体办法. 只有基本思想而没有实现它的一整套办法,基本思想就会流于空谈,或陷入无穷的争议之中. 这就是微分学作为一门科学的伟大作用所在. 而在现在讲的问题上,又以使用向量概念为好. 向量的求导其实很简单: 对每一个分量分别求导即可. 现在回到图17. 假设行星轨道是 $\overset{\frown}{BCF}\cdots$. 我们要考虑动径 $\overrightarrow{AC} = \vec{r}(t)$ 所扫过的面积. 它当然也是时间的函数,设为 $G(t)$. 我们要来研究它. 于是我们把轨道分段,每一个时间段长为 dt . 行星也就是走了一小段 $\overset{\frown}{CF}$. 因为若设 dt 是基础的无穷小量,则在行星位于 C 处的时间 t 到走到 F 的时间 $t + dt$ 内,扫过的面积当然是一个与 dt 同阶的无穷小量. 现在用行星的速度 $\vec{v}(t)$ 乘 dt 得到一

个位移 $\vec{v}(t)\mathrm{d}t$. 这与 $\overrightarrow{CF}$ 又相差了一个无穷小量.
于是由 $\overrightarrow{AC}$ 和 $\overrightarrow{CF}=\vec{v}(t)\mathrm{d}t$ 构成的三角形之面积
与真正的面积即 "扇形" ACF 的面积相差是一个
高阶无穷小, 记作 $o(\mathrm{d}t)$, 则我们发现

$$G(t+\mathrm{d}t)-G(t)=\frac{1}{2}(\overrightarrow{AC}\times\overrightarrow{CF})+o(\mathrm{d}t)$$
$$=\frac{1}{2}(\overrightarrow{AC}\times\vec{v})\mathrm{d}t+o(\mathrm{d}t).$$

大家会发现左方是一个数量而右方为向量.
怎么能相等? 实际上我们是把面积作向量看了. 那
么它的方向是什么? 我们暂时不说. 下面自然会
明白. 总之按照 "略去高阶无穷小量" 这个基本原
理, 即知按大小来说, 面积对时间的导数, 也就是
上式的线性部分的 "系数", 为

$$\vec{A}(t)=\frac{1}{2}(\overrightarrow{AC}\times\vec{v})=\frac{1}{2}(\vec{r}(t)\times\vec{v}(t)).$$

$\vec{A}(t)$ 称为该行星的面积速度. 它是一个向
量. 由于它是两个向量的向量积, 按定义, 其方向
应该由右手定则来确定, 即以右手食指为 $\vec{r}$, 中指
为 $\vec{v}$, 则大拇指的方向就是 $\vec{A}(t)$ 的方向.

以上讲的都是如何略去 "高阶无穷小". 下面
我们要计算 $\dfrac{\mathrm{d}}{\mathrm{d}t}\vec{A}(t)$. 这时要用莱布尼茨的乘积
求导公式. 上面我们说了, 这个公式实际上是一个
组合公式(再加上 "一点点" 略去高阶无穷小). 例
如在求两个函数 $f(t)$, $g(t)$ 之积的导数时, 我们
只不过用了一个最简单的组合公式

$$f(t+\triangle t)g(t+\triangle t)-f(t)g(t)$$
$$=[f(t+\triangle t)-f(t)]g(t+\triangle t)+$$
$$f(t)[g(t+\triangle t)-g(t)]$$
$$=[f'(t)\mathrm{d}t\cdot g(t)+f(t)g'(t)\mathrm{d}t]+o(\mathrm{d}t),$$

也就是加一个 $f(t)g(t+\Delta t)$, 再减一个 $f(t)g(t+\Delta t)$, 立即就知道左方的线性部分是 $f'(t)\,\mathrm{d}t\cdot g(t)$ $+f(t)g'(t)\mathrm{d}t$, 其系数就是 $\dfrac{\mathrm{d}}{\mathrm{d}t}[f(t)g(t)]$. 对于向量积也是一样. 只要我们懂得了这一点, 就不必再去操心如何分解出高阶无穷小之类的烦心事, 而完全归结为形式计算. 可是

$$
\begin{aligned}
\frac{\mathrm{d}}{\mathrm{d}t}\vec{A}(t) &=\frac{1}{2}\left[\frac{\mathrm{d}}{\mathrm{d}t}\vec{r}(t)\times v(t)+\vec{r}(t)\times\frac{\mathrm{d}}{\mathrm{d}t}\vec{v}(t)\right]\\
&=\frac{1}{2}[\vec{v}(t)\times\vec{v}(t)+\vec{r}(t)\times\vec{a}(t)]\\
&=\frac{1}{2m}\vec{r}(t)\times\vec{F}.
\end{aligned}
$$

第一项为 0, 是因为两个平行向量之向量积为 0. 对于第二项则应用牛顿第二定律: 外力 $\vec{F}$ 与加速度 $\vec{a}$ 的关系是 $\vec{F}=m\vec{a}$. 因此 $\dfrac{\mathrm{d}}{\mathrm{d}t}\vec{A}(t)=0$ 的充要条件是 $\vec{r}(t)\parallel\vec{F}(t)$, 即外力是有心力.

太阳对行星的作用力当然是有心力. 所以得到开普勒第二定律: 面积速度不变, 即 $\dfrac{\mathrm{d}}{\mathrm{d}t}\vec{A}(t)=0$.

对开普勒第二定律用两个方法来讲, 目的在于帮助读者理解微分学的几何实质与其形式运算规则的关系. 项武义写了一本书《基础几何学》, 第 8 章: "圆锥截线的故事" 中有一小节用了一点微积分讲述如何由开普勒定律到万有引力定律, 简明扼要, 很适合大学生和知道一点微积分的高中生阅读. 此书可以在网上找到: episte.math.ntu. tw/articles/ar/ ar_wy_geo_toc.htm.

以上我们从开普勒第二定律推知, 太阳对各个行星的引力是有心力. 下面我们再由开普勒的其他

定律推知平方反比律. 这里的基本思想是:引力的本性不应该依赖于具体行星的轨道. 鉴于各个行星的轨道都非常接近于圆, 我们不妨设行星轨道是圆, 而由此特例来判断引力是否服从平方反比律. 这至少告诉了我们, 说引力服从平方反比律是非常近乎情理的. 为什么要考虑轨道为圆周这个特例呢?因为开普勒第二定律已经指出, 在相同时间段里, 动径扫过的面积相等, 而对于圆, 面积相等的以圆心为心的扇形必有相同的圆心角. 这就是说, 如果轨道是一个圆周, 行星必定匀速旋转. 匀速旋转服从什么样的规律?这是惠更斯已经解决了的问题. 惠更斯指出, 如果一个质点以恒定角速度 ω 绕中心旋转, 则必有一个向心的加速度 $a = \omega^2 R$, R 是圆周的半径. (惠更斯的这个结论我们在下面将用几何方法再次证明. 那时就可以看到, 惠更斯关于向心力的结果, 实际上完全是一个几何结论, 至多有一些运动学的内容, 而不是动力学的结果, 因为它完全没有涉及力的问题.)由牛顿第二定律, 这个加速度应该由外力 $f = ma = m\omega^2 R$ 来支持, 这里 m 是质点的质量. 如果用 T 来记此运动的周期, 即 $\omega = 2\pi/T$, 则所需外力为 $f = m(2\pi)^2 R/T^2$. 按开普勒第三定律, $T^2 = CR^3$, C 是某个常数, 代入上式, 我们就得到, 太阳对行星应该有如下的引力

$$f = C^{-1}m(2\pi)^2/R^2$$

才足以提供上述向心加速度. 所以牛顿的方法的另一块基石就是: 万有引力恰好提供了所需的向心力.

我们想要避免离心力这个概念. 用现代的语言来说, 我们想从参考系的角度来看这个问题, 而参考系的概念, 伽利略已经有了. 可以采用绕中心(太阳)旋转的参考系. 在用原来的参考系中, 行星将沿轨道切线方向做匀速直线运动而离去, 在换用了新参考系以后, 行星就好像受了一个力, 要它离开中心(太阳). 这个力就是离心力. 它是由于采用了新的参考系而出现的惯性力. 向心力和离心力的说法其实有些含混, 所以离心力这个词在现在的普通物理教材里已经使用得比较少了. 牛顿说得很清楚: 向心力就是指向某个定点(中心)的力, 不管它是电磁力、核力还是万有引力(gravity). 所以这是一个几何学—运动学概念. 牛顿当然没有电磁力、核力这些概念, 但是惯性力的思想牛顿已经很清楚了(牛顿当时倒是为力的本性的另一个方面感到很难办, 那就是超距作用问题), "离心力"的概念则容易引起混淆, 所以现在我们就这样来理解它: 因为行星总有一个沿轨道切线匀速地走下去的倾向(就是有自己的惯性), 如果换一个参考系, 即从固定在行星上的坐标系来看, 就有一个力迫使它离开太阳回到原来的切线上去. 这就是离心力, 所以它是一个惯性力. 这样牛顿的方法的另一块基石也可以陈述为: 太阳对行星的万有引力应与行星受到的离心力平衡.

现在回到万有引力的公式问题. 上面已经看到, 太阳对行星的引力是 $f = C^{-1}m(2\pi)^2/R^2$. 但是按牛顿第三定律, 行星也以同样大小的力吸引太阳. 如果再做一次以上的推理, 又有 $f = (C')^{-1} M (2\pi)^2 / R^2$, 这里 M 是太阳质量. 比较 f 的这两个式子, 就知道 C^{-1} 中必含有因子 M. 这样就得到太阳与行星之间的引力公式 $f = GMm/R^2$. 这就是平方反比律. 这里, G 称为引力常数, 它是一个非常重要的物理常数, 而有待实验确定. 上面所用到的一切知识(除了牛顿第三定律, 可能是牛顿后来才提出来的以外), 哈雷、胡克和雷恩都是知道的, 所以如果他们都声称自己发现了平方反比律(可能只写为 $f = K/R^2$)完全不是太难的事情, 而牛顿说他在1665—1666年躲避瘟疫时就发现了这个定律, 也非虚言. 在《原理》一书中, 这就是命题4的推论6. 根据我们在苹果与月亮这个方框里所写的, 牛顿应该已经意识到, 他发现了

> **万有引力定律**　任意两个质量分别为 M, m 的质点, 若其距离为 r, 必以引力
>
> $$f = GMm / r^2$$
>
> 互相吸引. 引力的方向恒为由被吸引质点指向吸引的质点.

这个定律的真正的重要性在于它的万有性(universality), 就是说它适用于一切事物, 一切时间. 在人类历史上, 还是第一次发现这种类型的定律. 它的各个细节, 例如引力常数 G, 都有深刻的物理意义. 甚至它的不适用性(例如在极小的微观世界和在

宇宙尺度上, 都需要重大修正)都会引起重大的科学革命——量子力学和相对论. 这个功绩无可争辩地应该归于牛顿.

但是牛顿想要修成正果, 还有一个最难的问题需要解决. 这就是: 能否从万有引力定律得出开普勒第一定律, 即行星的轨道是椭圆. 这是最难的问题. 但是是不能回避的, 因为我们在前面只是从一个特例(匀速旋转)看到了应该有平方反比律成立, 现在我们则来直接证明由平方反比律可以得出行星的轨道是椭圆这个结论.在《原理》一书中, 这个问题被分为3个命题: 即命题11, 12, 13. 在这3个命题之后有一个推论 I, 就是我们熟知的关于行星轨道的定律. 现在我们从《原理》的中文译本63页把这个结论逐字抄录如下:

由上述三个命题可知, 如果任意物体在 P 处(以下就记此物体为P)以任意速度沿任意直线 PR 运动, 同时受到一个反比于由该处所到其中心(距离的平方——这几个字是本书作者加的)的向心力的作用, 则物体将沿圆锥曲线中的一种运动, 曲线的焦点就是力的中心; 反之亦然.

现在我们回来证明惠更斯关于向心力的结果. 前面已经说到, 这个问题完全是一个几何学问题, 不涉及动力学的概念, 所以我们以下就只说向心加速度问题, 用几何方法加以证明, 也是为了突出这一点. 因此我们也不说质点的匀速旋转, 而讨论一个向量绕其起点做匀速旋转的问题. 图 18 正是画的这个情况.

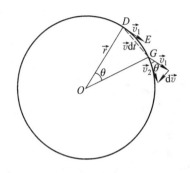

图 18 惠更斯关于向心加速度的结果

设有向量 $\overrightarrow{OD} = \vec{r}$, 其长度是常数 R , 而以常值角速度 ω 绕原点 O 旋转. 于是在时间段 dt 内转过的角度是 $\theta = \omega dt$, (为什么不写成 $d\theta$? 在附录中还会解释, 总之我们的目的是希望读者不要以为没有 d 就不是无穷小.) 位移是 $\overset{\frown}{DG} = R\omega dt$. 当 dt 是无穷小(基本的无穷小)时, 可以用弦 $\overline{DG}$ 来代替弧 $\overset{\frown}{DG}$, 其长为 $R|\omega|dt = |\vec{v}|dt$, 这里 $|\vec{v}|$ 是旋转的线速度, $|\vec{v}| = \dfrac{|\overline{DG}|}{dt}$. 当 $dt \to 0$ 时, 就得到旋转速度 $\vec{v}_1 = \overrightarrow{DE}$, 其长度为 $|\overrightarrow{DE}| = R|\omega|$, 而方向是切线方向. 非常值得注意的是, 对一个匀速旋转的向量求导的运算, 就是把原来的向量逆时针旋转 $\pi/2$, 并且将长度放大 ω 倍. 读者可能会问, 图上明明是做的顺时针方向的旋转, 这是为什么?原因是, 图上的旋转本来就是顺时针的,

因此 $\omega < 0$, 所以把 $\overrightarrow{OD}$ 做了逆时针的旋转, 再乘负数 $\omega < 0$, 所得的 $\vec{v}_1 = \overrightarrow{DE}$ 自然指向了顺时针方向. 知道这一点非常有用. 下面我们来求加速度, 为此只要把 $\vec{v}_1 = \overrightarrow{DE}$ 再逆时针旋转 $\pi/2$ (这时得到的向量指向圆外, 即为离心方向), 再将它的长度乘一个负数 ω, 结果变成与 $-\vec{r}$ 同向 (即向心方向), 而长度乘上了 ω^2 (不论 ω 符号如何, ω^2 总是正的). 这就是惠更斯的向心加速度公式:

$$\text{匀速旋转的向心加速度} = -\omega^2\vec{r}.$$

但是更好的办法是要注意到, 一个向量的起点最好放在原点. 所以, 如图19那样, 把速度向量的起点也放在原点, 就看到速度向量又是一个匀速旋转向量, 角速度和原来的向量相同, 但长度变了(图上没有画出来), 再逆时针旋转 $\pi/2$, 自然得到一个与原来向量方向相反的向量. 再考虑到长度还要乘一个 ω. 就相当于上述公式. 如果用复数来表示向量, 我们得到的其实就是

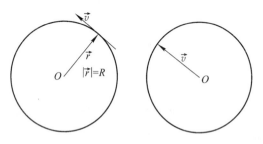

图 19 把速度向量的起点也放在原点

$$\frac{\mathrm{d}^2}{\mathrm{d}\theta^2}\cos\theta = -\cos\theta;\ \frac{\mathrm{d}^2}{\mathrm{d}\theta^2}\sin\theta = -\sin\theta.$$

附录 由万有引力定律到开普勒第一定律

《原理》的这一部分之所以难读，这是因为牛顿当年是用了关于圆锥截线理论中比较生僻的结果，现代的读者们已难于追索．后来是欧拉把这个问题化为求解二阶常微分方程，虽然可以读懂了，却仍然太难，所以现在大学里都不讲．最多只在很完备的理论力学课程里去讲，使得大多数大学生无缘见到．由于证明难，不少大师们(突出的有麦克斯韦、哈密顿等人)都希望另辟蹊径，换一个讲法．费曼在《费曼佚稿》中已简化了一点．作者曾在教育部教学指导委员会组织的数学教育论坛(2006)讲过一次，仍然感到大学生不太好接受．下面的讲法是从前面提到的 Arnold 一书看来的．我曾打算给武汉大学数学系一年级学生在课程结束之后，考试开始之前讲一次．（当然是不考的．）但是因为考试在即，讲到这时就没有时间了．现在把当时准备的材料作为一个附录放在下面，希望比较好懂．关键仍然是认真探讨牛顿的思想．

在前面我们讲到牛顿和胡克为了万有引力的"知识产权"问题又大吵一架，其实这场争论里包含了许多值得认真研究的思想．我们千万不要把科学争论庸俗化为个人恩怨之争. 上面提到牛顿和胡克都考虑过落体在地球内部的轨道问题. 当然, 谁也不会去挖一个地洞来看落体在其中的轨迹是什么, 但有一点很明白, 在地球内部, 平方反比律不一定对. 有许多不同的引力场. 例如我们都知道胡克定律: 为简单计, 我们考虑一根1维的弹簧. 如果弹簧顶上有一个物体, 它的位置 u 会使弹簧的长短变化, 而弹簧就会给这个物体一个反作用力——引力. 其大小与位移成正比, 方向则相反. 这就是另一种引力场. 用数学公式来写, 设物体质量为1, 则因加速度为 $\ddot{u} = \mathrm{d}^2 u/\mathrm{d}t^2$. 由牛顿第二定律有 $\ddot{u} = -ku$. 所以胡克的场是线性场(这里指讲到1维情况, 下面还必须讲到 2 维情况), 而人们倾向于认为万有引力场是平方反比律的场.

牛顿虽然和胡克大吵一顿, 其实也早就想到了不同的引力场之间的关系. 在《原理》一书里就有反映: 牛顿在那里也讨论了我们下面就要讲到的胡克椭圆. 那么, 这些不同的引力场之间有什么关系呢? 到了19世纪末, 瑞典天文学家 Bohlin 发现了这个关系(还有更早几年的 Kasner). 前些年 Arnold 指出, 如果用一点复数(请注意, 还用不到复变函数论那样的大学问), 这种关系非常简单, 而且是一个学过微积分的大学生都能懂的(只要他胆子大一点, 不要一看到复数就发怵, 就想到这里有多么艰深的道理就行了). 我们写这个附录目的就在此.

首先要提醒读者的是: 在有心力场(不论此力是适合平方反比律还是适合胡克线性律)中, 运动一定是平面运动. 这是因为所有的有心力场中开普勒第二定律一定成立. 角速度还有角动量本身都是向量. 定义其方向的方法就是物理学的右手定则: 右手握拳, 拇指向上, 让食指方向与角的旋转方向一致, 这时拇指的方向就是角速度(角动量)的方向. (这样讲的右手定则与数苑漫游(四)里讲的右手法则是一致的.) 这个定理指出一个质点在有心力场中绕中心旋转单位时间内所扫过的扇形面积 $\vec{A}(t)$ 就是一个向量: $z \times \vec{A}$ 就是它的"面积速度", 由向量积的定义, 其方向也就是旋转轴的方向.

图 20 中出现了两个式子: $r(t) = |z|$ 和 $r(t) = |w|$, 那么 z 和 w 是什么? 它表明, 以下我们将要引入复数, 并且分别在 z 和 w 平面上考虑这两种椭圆. 详情见下文.

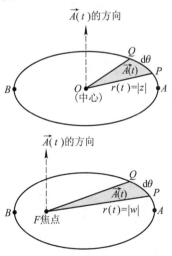

图 20　胡克椭圆和开普勒椭圆

在"数苑漫游(四)"中已经看到, 面积速度不变:
$\dfrac{\mathrm{d}}{\mathrm{d}t}\overrightarrow{A}(t) = 0$. 这件事有极重要的意义. 所谓面积速度 $\overrightarrow{A}(t)$ 不变, 包括两方面的意义, 即方向不变和大小不变. 方向不变就是扇形(例如上面左图的 POQ)的法线方向(即图20中的虚线方向)不变. 所以不妨取它为 z 轴方向. 这样, 所有的扇形 POQ 全在 xOy 平面上. 所以, 有心力场中的运动一定是平面问题. 这为我们下面的讨论提供了极大的方便. 我们用 $z(t)$ 来记由中心 O 到 P 点的向量, 即图20中的 $\overrightarrow{OP}$ 或 $\overrightarrow{FP}$. 不用箭头来表示这个向量的理由下面再来解释.

另外, 其大小也不变. 也正是因此, 整个面积是这些同方向的向量之和, 其方向也就是 z 轴方向. 现在我们换一个方法来计算 POQ 的面积. 如果 $\mathrm{d}\theta$ 很小, 它可以取作基础的无穷小量. "数苑漫游"中我们是取 $\mathrm{d}t$ 为基础无穷小. 这当然没有关系, 因为 $|\mathrm{d}\theta| = |\vec{v}||\mathrm{d}t|$, 但是有很大的方便. 如果我们把 POQ 看成真正的圆扇形, 则误差应该是更高阶的无穷小(这可以从图 21 看出), 用 POQ' 代替 POQ 不过少了一个"三角形" PQQ'. 其面积不会大于"四边形" $PP'QQ'$, 而后者边长为

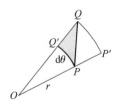

图 21　用扇形 POQ' 代替扇形 POQ

82

$$PQ' = r\mathrm{d}\theta,$$

高为

$$QQ' = OQ - OQ' = |\vec{r}(t + \mathrm{d}t) - \vec{r}(t)| = |\vec{v}(t)\mathrm{d}t|.$$

这里都略去了高阶无穷小. 于是 POQ 的面积在略去了高阶无穷小以后就应该是

$$\frac{1}{2}r^2\mathrm{d}\theta = \frac{1}{2}r^2\frac{\mathrm{d}\theta}{\mathrm{d}t}\mathrm{d}t.$$

"面积速度" 的大小就是扇形面积的改变量 (即 POQ 的面积) 除以 $\mathrm{d}t$, 即为 $\frac{1}{2}r^2\frac{\mathrm{d}\theta}{\mathrm{d}t}$. 这样, 面积速度的大小也不变. 就成为

$$\frac{1}{2}r^2\frac{\mathrm{d}\theta}{\mathrm{d}t} = 常数.$$

读者可能会问, 上式的 $\frac{\mathrm{d}\theta}{\mathrm{d}t}$ 不是导数吗? 是导数就少不了 $\varepsilon - \delta$ 和极限理论, $\mathrm{d}t$ 怎么能用来作分母? 等等. 请想一下我们介绍维尔斯特拉斯的理论时指出, 只是在略去高阶无穷小时才需要用 $\varepsilon - \delta$, 除此之外, 余下的最重要的是线性关系, 是组合学公式. 现在既已略去了该略去的. 余下就按代数的、形式的方法处理好了. 说它是 θ 对 t 的导数也好, 是 $\mathrm{d}\theta$ 除以 $\mathrm{d}t$ 也好, 说 $\mathrm{d}\theta, \mathrm{d}t$ 是无穷小也好, 是 "比较小" 的有限量也好, 甚至在上面讲惠更斯的向心加速度时, 我们干脆就写成 θ, 统统没有关系! 我们既然已经用 "分解" 的方法绕过了贝克莱指出的 "消逝的量的鬼魂", 就什

么顾虑也不要有了. 我们常讲的微元法等核心在此. 一看见 $\dfrac{\mathrm{d}\theta}{\mathrm{d}t}$ 就去找 $\varepsilon - \delta$, 岂不是有点刻舟求剑? 既要懂 $\varepsilon - \delta$ 又不要受其约束, 这样才能把微积分变成有力的武器. 下面我们回到牛顿的问题.

既然已经知道, 有心力场中的运动是平面问题, 就只需要用平面向量. 而平面向量就可以用复数 $z = x + y\mathrm{i}$ 来表示. 进入复域是真正的关键. 我们上面用 $z(t)$ 表示向量而不用箭头如 $\overrightarrow{OP}, \overrightarrow{FP}$ 的原因在此.

图20上画了两个椭圆. 上方的一个来自胡克定律——弹簧定律. 如果用 $x(t)$ 表示弹簧上一点离平衡位置(设为原点)的位移. 胡克发现了弹簧弹力大小与 x 成正比, 方向则相反, 即为 $-Cx$ ($C > 0$ 是个常数). 所以它的运动方程是 $m\ddot{x} = -Cx$. 为简单计, 不妨设质量 $m = 1$, $C = 1$, 于是

$$\ddot{x} = -x.$$

这称为一个一维谐振子. 如果在 y 方向还有一个一维谐振子而且其系数与上式相同, 即

$$\ddot{y} = -y.$$

合并起来就得到一个复方程

$$\dfrac{\mathrm{d}^2 z}{\mathrm{d}t^2} = -z. \tag{1}$$

这是一个很容易求解的方程. 因为它有一个基本解系 $z(t) = \mathrm{e}^{\mathrm{i}t}$ 与 $z(t) = \mathrm{e}^{-\mathrm{i}t}$. 所以它的通解是

$$z(t) = M\mathrm{e}^{\mathrm{i}t} + N\mathrm{e}^{-\mathrm{i}t}.$$

这里 M, N 是复数. 如果令 $M = pe^{i\alpha}$, $N = qe^{i\beta}$, $p, q > 0$, 则上式可以写成

$$z(t) = pe^{i\gamma} \cdot e^{i(t+\theta)} + qe^{i\gamma} \cdot e^{-i(t+\theta)},$$

$$\gamma = \frac{1}{2}(\alpha + \beta), \theta = \frac{1}{2}(\alpha - \beta).$$

如果我们用 $t + \theta$ 代替 t, 无非是把计算时间的起点动一下; 再用 $e^{-i\gamma}$ 去乘 z, 无非把图像旋转一个角 $-\gamma$, 这些都不会改变图像的性质. 所以我们可以不失一般性, 说此方程的通解为

$$z = pe^{it} + qe^{-it}, p > 0, q > 0. \tag{2}$$

不妨设 $p > q$, 于是上式又可以写为

$$z = a\cos t + ib\sin t, \quad a = p + q > 0, b = p - q > 0.$$

所以方程(1)的通解为

$$x = a\cos t, y = b\sin t, \quad a = p + q > 0, b = p - q > 0.$$

这是一个椭圆

$$\frac{x^2}{a^2} + \frac{y^2}{b^2} = 1. \tag{3}$$

而且因为 p, q 均为正, 易见 $a > b$. 即 a 是长半轴, b 是短半轴, 焦距 $c = \sqrt{a^2 - b^2} = 2\sqrt{pq}$. 所以两个焦点分别位于 $(-c, 0), (c, 0)$. 椭圆的中心即原点 $z = 0$, 也就是有心力场的中心. 因为这个椭圆来自胡克定律, 所以称为胡克椭圆.

对于胡克椭圆还有一个重要常数, 即因为能量守恒而总能量值 E 是一个常数. 这个力学系统的总

能量是动能加位能. 因为上面设了 $m = 1$, 所以动能是 $\frac{1}{2}|v|^2 = \frac{1}{2}|\dot{z}|^2$. 位能则是移动质点时一定要对抗(1)中之力由原点(我们假设从这一点起计算位能)移到 z 处所需的功, 所以它是

$$\int_0^z |zdz| = \frac{1}{2}|z|^2 .$$

这样就有一个重要的关系式

$$E = \frac{1}{2}(|\dot{z}|^2 + |z|^2), \tag{4}$$

这里 E 是常数.

现在回来看开普勒的椭圆轨道. 这个椭圆与胡克椭圆不同, 有心力场的中心(太阳)在焦点处. 我们把它称为开普勒椭圆. 我们把它放到另一个复平面(w 平面)上, 即设行星的位置由复数 w 来刻画. 而太阳位于 $w = 0$ 处. 胡克椭圆情况下我们取时间为 t , 开普勒椭圆情况下则记时间为 τ . τ 与 t 不同是很重要的, 但是很容易理解, 因为这是两个不同的运动, 它们的时间尺度自然不同. 但是二者之间有什么关系? 这是一个关键问题. 其实牛顿早就想到了不同的引力场(胡克的场(1)是线性场, 万有引力场是平方反比律的场)之间应该有关系. 到了19世纪末, 瑞典天文学家Bohlin发现了这个关系(还有更早几年的Kasner), 到20世纪90年代, Arnold重新发现了其中有简单到令人不敢相信的关系: 令 $w = z^2$, 则 z 平面的胡克椭圆变成 w 平面开普勒椭圆. 实际上由(1)的通解(2)即有

$$w = z^2 = p^2 e^{2it} + q^2 e^{-2it} + 2pq.$$

而 $w - 2pq = p^2\mathrm{e}^{2\mathrm{i}t} + q^2\mathrm{e}^{-2\mathrm{i}t}$ 显然是一个椭圆. 它与(2)的区别是首先用 p^2, q^2 代替了 p, q，因而长半轴和短半轴分别变成 $A = p^2 + q^2$ 与 $B = p^2 - q^2$. 还有 $2\sqrt{pq} = c$ (焦距). 令 $w = u+\mathrm{i}v$，就有

$$(u - c) = (p^2 + q^2)\cos 2t,$$

$$v = (p^2 - q^2)\sin 2t,$$

$$\frac{(u - c)^2}{A^2} + \frac{v^2}{B^2} = 1.$$

不过椭圆的中心跑到 $(c, 0)$ 去了，而原来的引力中心 $(0, 0)$ 变成了焦点 $(-c, 0)$. 所以太阳跑到一个焦点上去了. 总之，经过由 z 到 w 的变换 $(w = z^2)$，胡克椭圆就变成了开普勒椭圆.

但是，胡克椭圆是线性引力场 (1) 的通解，现在要问方程 (1) 经过同样的变换，又成为什么方程? 我们希望它变成平方反比律的方程. 平方反比律的力应该是: 大小与 $|w|^2$ 成反比, 方向与 w 相反的力. 若用 $\vec{e}$ 表示与 w 相反方向的单位向量，即 $\vec{e} = -w/|w|$，则这个力应该是

$$\vec{F} = \frac{C\vec{e}}{|w|^2} = -\frac{Cw}{|w|^3}.$$

$\vec{e}$ 和 $\vec{F}$ 既是平面向量又是复数，于是平方反比律场中的运动方程 (仍设质量 $m = 1$) 应为

$$\frac{\mathrm{d}^2 w}{\mathrm{d}\tau^2} = -\frac{Cw}{|w|^3}, C\text{为正常数}. \tag{5}$$

这里的关键在于为什么 (1) 中的时间 t 要换成另一个 τ，t 与 τ 的关系又如何. t 要换成 τ 的道理是明显的.

因为例如图20上图的A (远日点)处, 行星角速度最小, 走同一个角位移dθ 花的时间最多, 而在B(近日点)处, 行星速度最大, 走同一个角位移dθ 花的时间最少. 反观胡克椭圆, 在A, B两点由于有对称性, 角速度(按绝对值算)是相等的, 所以两个不同的场的时间分配各有不同. 为了便于比较, 我们放弃找一个通用的时间标准的企图而用扫过同一个中心角dθ 的扇形PFQ 与POQ 的面积来代替时间, 所以图20的上、下两图的角dθ 都画成了一样的. 这是解决问题最基本的关键. 只要是有心力场, 面积速度就是常数(不同的有心力场此常数也不同), 所以对于胡克情况, 上面我们已经明白了, 有

$$\frac{1}{2}r^2\frac{\mathrm{d}\theta}{\mathrm{d}t} = 常数,$$

也就是

$$\frac{\mathrm{d}\theta}{\mathrm{d}t} = \frac{C}{|z|^2}. \tag{6}$$

而对于开普勒情况则应该有

$$\frac{\mathrm{d}\theta}{\mathrm{d}\tau} = \frac{C'}{|w|^2}. \tag{7}$$

但是我们不妨令 $C = C' = 1$, 即是把各个情况下的时间各换一个单位. 这当然不会影响对运动规律的认识. 这样把(6), (7)两式"相除", 立即得到我们需要的最基本的关系式

$$\frac{\mathrm{d}t}{\mathrm{d}\tau} = \frac{|z|^2}{|w|^2}. \tag{8}$$

读到这里有的读者又会怀疑了, (6), (7)都是求导关系. 想要找两个变量t与τ的关系, 也就是要找一个变量变换, 哪有那么简单的除法? 是不是太"不严格"了? 我们前面一再说, 一是要正确地略去无穷小量. 这就要用$\varepsilon-\delta$等. 其实我们导出(6), (7)即开普勒第二定律时, 已经用过了$\varepsilon-\delta$. 而且我们还专门写了一个"数苑漫游"来说明它, 所以现在就不必再去为$\varepsilon-\delta$操心了. 不论如何, 到了我们手上, 余下的就只有线性关系——代数关系. 我们只要用代数就行了. 上文中我们说了: 老放不下$\varepsilon-\delta$有如是"刻舟求剑". 一定有人认为"太不重视"$\varepsilon-\delta$, 应该引以为戒. 那么我们换一个严格的讲法: 把导数关系(6), (7)化为微分关系

$$d\theta = \frac{1}{|z|^2}dt, d\theta = \frac{1}{|w|^2}d\tau,$$

所以

$$\frac{1}{|z|^2}dt = \frac{1}{|w|^2}d\tau \ \text{或} \ dt = \frac{|z|^2}{|w|^2}d\tau.$$

再回到导数关系还是得出

$$\frac{dt}{d\tau} = \frac{|z|^2}{|w|^2}.$$

这是很严格的, 但是对于我们手上的问题, 这种严格性有什么好处呢? 严格的$\varepsilon-\delta$还是必不可少的, 否则微积分就站不住脚. 我们必须学会$\varepsilon-\delta$, 否则连柯西这样的大人物尚且会犯错误, 何况我们呢? 遇到复杂的问题(例如大学课程里的傅里叶级数, 积分号下求极限, 求导数以及其他必须交换极限次序的

问题), 如果不会用 $\varepsilon - \delta$, 可能会搞成一团糟. 但我们同样也要学会在适当问题中放心地不用 $\varepsilon - \delta$, 而用 "微元法" 之类比较直观简单的方法, 否则遇到实际问题就会劳而少功. 下面再回到正题.

我们现在想利用 $w = z^2$, 由 $\dfrac{\mathrm{d}^2 z}{\mathrm{d}t^2} = -z$ 来证明 $\dfrac{\mathrm{d}^2 w}{\mathrm{d}\tau^2} = -\dfrac{Cw}{|w|^2}$. 证明如下:

由(8)利用 $w = z^2$,

$$\frac{\mathrm{d}}{\mathrm{d}\tau} = \frac{\mathrm{d}t}{\mathrm{d}\tau} \cdot \frac{\mathrm{d}}{\mathrm{d}t} = \frac{|z|^2}{|w|^2} \frac{\mathrm{d}}{\mathrm{d}t} = \frac{1}{|z|^2} \frac{\mathrm{d}}{\mathrm{d}t} = \frac{1}{z \cdot \bar{z}} \frac{\mathrm{d}}{\mathrm{d}t},$$

所以

$$
\begin{aligned}
\frac{\mathrm{d}^2 w}{\mathrm{d}\tau^2} &= \frac{1}{z \cdot \bar{z}} \frac{\mathrm{d}}{\mathrm{d}t} \left[\frac{1}{z \cdot \bar{z}} \frac{\mathrm{d}w}{\mathrm{d}t} \right] \\
&= \frac{2}{z \cdot \bar{z}} \frac{\mathrm{d}}{\mathrm{d}t} \left[\frac{1}{\bar{z}} \frac{\mathrm{d}z}{\mathrm{d}t} \right] (利用 w = z^2) \\
&= \frac{2}{z \cdot \bar{z}} \frac{\mathrm{d}}{\mathrm{d}t} \left(\frac{1}{\bar{z}} \right) \cdot \frac{\mathrm{d}z}{\mathrm{d}t} + \frac{2}{z \cdot \bar{z}} \cdot \frac{1}{\bar{z}} \cdot \frac{\mathrm{d}^2 z}{\mathrm{d}t^2} \\
&= -\left(\frac{2}{z \cdot \bar{z}} \frac{1}{\bar{z}^2} \frac{\mathrm{d}\bar{z}}{\mathrm{d}t} \frac{\mathrm{d}z}{\mathrm{d}t} + \frac{2}{\bar{z}^2} \right) (利用 \frac{\mathrm{d}^2 z}{\mathrm{d}t^2} = -z) \\
&= -\frac{2}{z \cdot \bar{z}} \left(\frac{1}{\bar{z}^2} |\dot{z}|^2 + \frac{1}{\bar{z}^2} |z|^2 \right) = -\frac{4E}{z \cdot \bar{z}^3} \\
&= -\frac{4E}{|w|^3} w. \text{(这里利用了胡克场中的能量守恒}
\end{aligned}
$$

$$\text{关系(4))}$$

如果还有什么疑问, 我们不妨画一个表

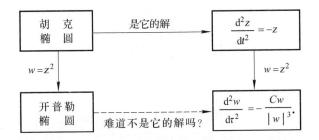

上面我们说了一些"不中听的话"，似乎会造成一种错觉．难道说事情真正这么简单吗？确实不那么简单．例如，胡克椭圆是(1)的通解，开普勒方程是(5)的"通解"吗？（这时所谓"通解"是什么？）上面我们用的是 $w = z^2$．如果用 $w = z^{\frac{1}{2}}$ 会产生什么问题？对于胡克椭圆我们利用了能量守恒，对于开普勒椭圆又如何？何况牛顿就指出，万有引力定律可得出双曲线轨道．这些都要作艰苦的努力．但是问题的要点确实弄清楚了．我们已经知道，由万有引力定律能够得出开普勒第一定律了．附录至此为止．

五、结 束 语

在上一本书里讲到人类是如何发现太阳系的唯象定律——开普勒三定律的. 这里面用了一些初等数学——欧几里得几何, 但是我们已经看到这是不够的. 在这本书里, "上帝"正如拉普拉斯所说, 成了一个人们并不需要的假设. 以微积分为代表, 新数学成了人类的有力武器. 用这种新武器武装起来的人类在牛顿至今的三百年间胜利前进的过程, 读者们多少是知道一点的.

但是对于浩瀚的星空, 人类会只满足远远地看一下吗? 从遥望星空到太空遨游, 空间时代来临了. 而这里需要的数学知识就更深刻了. 如果有可能, 应该再把这里的故事讲下去.

郑重声明

读者意见反馈

为收集对教材的意见建议，进一步完善教材编写并做好服务工作，读者可将对本教材的意见建议通过如下渠道反馈至我社。

咨询电话　400-810-0598

反馈邮箱　hepsci@pub.hep.cn

通信地址　北京市朝阳区惠新东街4号富盛大厦1座
　　　　　高等教育出版社理科事业部

邮政编码　　100029